修井作业复杂工程事故案例

张光华　王守才　刘孝强　唐 佳　编著

中国石化出版社

图书在版编目(CIP)数据

修井作业复杂工程事故案例/张光华等编著.—北京:
中国石化出版社，2022.8
ISBN 978-7-5114-6840-6

Ⅰ.①修… Ⅱ.①张… Ⅲ.①修井作业-
工程事故-案例 Ⅳ.①TE358

中国版本图书馆 CIP 数据核字(2022)第 157200 号

中国石化出版社出版发行
地址:北京市东城区安定门外大街 58 号
邮编:100011 电话:(010)57512500
发行部电话:(010)57512575
http://www.sinopec-press.com
E-mail:press@sinopec.com
北京柏力行彩印有限公司印刷
全国各地新华书店经销
*
710×1000 毫米 16 开本 8.75 印张 168 千字
2022 年 10 月第 1 版 2022 年 10 月第 1 次印刷
定价:56.00 元

《修井作业复杂工程事故案例》编委会

序

井下作业是以实现油气水井正常生产、提高采注量、改善油气层渗流条件及井下技术状况为目的，所采取的对油气水井进行维护、修复治理、措施作业等技术手段。井下作业复杂工程事故会严重影响施工进度、施工质量，致使作业成本增加，甚至可能导致井控险情或安全环保事故。天津分公司作为中国石油集团海洋工程有限公司从事海上井下作业的专业化公司，收集、归纳、总结了海上及陆地34口井典型井下作业复杂工程事故的经验和教训，并在此基础编撰形成了《修井作业复杂工程事故案例》一书，供广大管理、作业人员学习使用，为将来的施工作业提供参考和借鉴。

通读后，我认为这些井下作业复杂工程事故的经验教训来源于现场、适用于现场，对指导现场预防和处置井下作业复杂工程事故、促进基层技术人员成长具有重要意义。编者们以图文并茂、通俗易懂的形式将井下作业复杂工程事故案例汇编成册，充分考虑了井下作业复杂工程事故预防、处置的科学性、实用性和技术指导性，同时，把安全和质量与现场作业融为一体。希望基层工程技术人员认真研读学习，学以致用、用以促学，为海洋工程工业高质量、可持续发展贡献自己的力量。

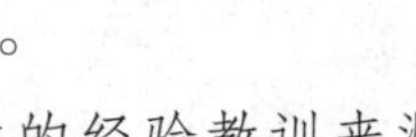

前　言

中国石油集团海洋工程有限公司天津分公司自成立以来，高度重视井下作业技术管理工作，始终秉承队伍专业化、员工技术精湛化、装备国际化发展理念，注重安全环保，强化技术优势，致力于打造精品工程，为业主提供优质服务。

为了进一步提升修井作业技术管理水平，加强技术队伍建设，我们组织编撰了《修井作业复杂工程事故案例》一书。本书在编撰过程中，梳理了近年来在冀东油田、大港油田、辽河油田、胜利油田及中国海油施工作业中发生过的工程事故，结合施工经验，遴选了具有较好借鉴作用的典型案例，汇编成册。全书主要分为“作业篇”“井控篇”“工具篇”及“分享篇”4个部分，共34个案例。

由于时间仓促，加之编者水平有限，难免存在错误和不足之处，敬请各位读者批评指正，后续将进一步补充、完善、丰富案例内容，修订出版，以期为技术、操作及管理人员提供借鉴，推动员工队伍整体素质不断提升。

目　录

第一部分　作业篇

第二部分　井控篇

第三部分　工具篇

第四部分　分享篇

01

第一部分 作业篇

1. DC26 –1 井氮气降液面举穿事件

一、基本情况

人工井底：4225m。

最大井斜：59. 49°。

造斜点深度：173m。

套管数据如表 1 –1 所示。

表 1 –1 DC26 –1 井套管数据表

套管名称	外径/mm	壁厚/mm	钢级	下入深度/m	水泥返深/m	阻流环深/m
表层套管	339. 7	9. 65	J55	598. 13	90	586. 5
技术套管	244. 5	10. 03	N80	2558. 01	16. 22	2543. 31
油层套管	139. 7	9. 17	P110	4240. 5	1330	4225

注：短套管位置：3829. 78 ~3832. 25m，3349. 97 ~3352. 13m。

气举管柱结构如图 1 –1 所示。

2020 年，DC26 –1 井新井投产时进行负压射孔，氮气降液面时发生气体举穿事件。

二、发生经过

射孔前，使用通井管柱降液面，通井管柱结构为：Φ116mm 通井规 +1 根油管 +Φ46mm 球座(带球) +1 根油管 + 断销式泄油器 +Φ73mm 油管。通井管柱尾深 3000m，用氮气反气举降液面至 2500 ~2600m。

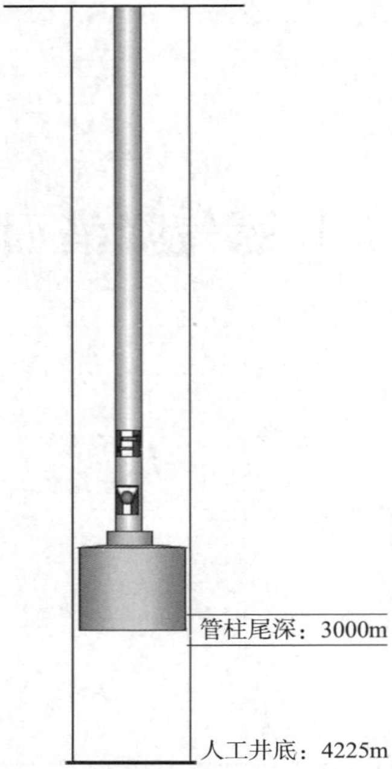

图 1－1　DC26－1 井气举管柱结构示意图

施工时，井口接油管旋塞阀＋Φ50.8mm 高压软管至钻台底部返液槽，通过舱室内液位计计量返出液量。气举施工过程中，发生举穿事件，高压下井口旋塞阀无法关闭，敞放泄压持续 1.5h，未造成其他事故。

三、原因分析

1. 直接原因

氮气降液面施工设计不合理，氮气降液面管柱尾深太浅，现场技术人员施工前未对设计管柱下深进行理论校核，按照设计施工后造成气体举穿。

管柱尾深 3000m，要求降液面至 2500～2600m。现场施工时，按照降液面至 2500m 计算，需举出液量为：$V=3.01\times2500+7.38\times2500=25975(\mathrm{L})=25.9(\mathrm{m}^3)$。降液面至 2500m，同时，氮气不进入油管时的最小管柱下深为：$H=25.9/7.38\times1000=3510(\mathrm{m})$。

按管柱尾深 3000m 进行举升作业，氮气举 25.9m^3 后，实际上气体已经从环空管柱底部上升到油管内高度为1249m处。当高压气体进入油管后，液体返速很快，使返出液经平台高架槽，返回泥浆舱，计量不够及时、准确，造成液量难以把控，举升到设计深度后很容易举穿造成高压气体释放。

2. 间接原因

(1)设计编写人员未对氮气降液面作业进行理论计算以核实管柱下入深度。

(2)现场施工人员对氮气降液面施工风险分析不到位，未充分识别施工风险而盲目施工。

(3)作业人员经验不足，当施工泵压明显下降且出口有明显举穿显示时，仍继续注入氮气，未及时停泵，使用针型阀或者油嘴进行控制放压至零，平衡液面。

(4)出口流程连接不合理，仅有一个油管旋塞与Φ50.8mm高压水龙带相连，未安装高压阀门(带油嘴或者针阀)，不能进行控制泄压，导致高压气体敞喷。

(5)氮气设备泵注流程设置不合理，未设置泄压流程，在举升出设计液量后无法实现环空泄压。

(6)返出液量通过平台泥浆舱计量，存在误差，计量不准确。

四、经验教训

(1)设计人员应提升施工设计编写能力，现场技术人员施工前应对设计内容进行认真分析，及时发现问题并与施工设计编写人员进行沟通，确保设计参数合理、准确，保障现场施工安全。

(2)加强氮气气举施工作业风险辨识力度，制定风险防范措施，作业前开展全员技术交底。

(3)排液过程中，观察到出口气量急剧增大的同时泵压突降时，可判断为举穿，应及时停泵。当出口返出液体中含氮气时，用油嘴控制放喷，直至液量达到设计要求。排液期间，应有专人监控泵压、油压、套压、出口返出情况，确保准确计量液量。

(4)出口流程连接安装高压阀门(带油嘴或针阀)，可控制泄压。

(5)氮气设备泵注流程应设置泄压流程，氮气气举至设计深度时可从套管进行控制泄压，平衡油套液面。

(6)注氮气施工时，排液施工液体应进计量方便、准确的液罐，计量罐上不得站人观察计量，计量罐罐内液面距罐口应不少于30cm空高。

2. DC－26 井下完井管柱遇阻事件

一、基本情况

人工井底：4225m。

最大井斜：59. 49°。

造斜点深度：173m。

套管数据如表 2－1 所示。

表 2－1　DC－26 井套管数据表

套管名称	外径/mm	壁厚/mm	钢级	下入深度/m	水泥返深/m	阻流环深/m
表层套管	339. 7	9. 65	J55	598. 13	90	586. 5
技术套管	244. 5	10. 03	N80	2558. 01	16. 22	2543. 31
油层套管	139. 7	9. 17	P110	4240. 5	1330	4225

注：短套管位置：3829. 78～3832. 25m，3349. 97～3352. 13m。

下入电泵尺寸数据如表 2－2 所示。

表 2－2　DC－26 井电泵尺寸数据表

序号	名称	长度/m	外径尺寸/mm
1	扶正器	0. 35	115. 00
2	变扣	0. 10	90. 00
3	泵工况	0. 86	95. 00
4	电机	9. 79	114. 00
5	保护器	3. 40	98. 00
6	吸入口	1. 33	98. 00

续表

序号	名称	长度/m	外径尺寸/mm
7	泵	5.34	98.00
8	泵	5.34	98.00
9	泵	5.51	98.00
10	Φ73mmEU 油管短节	1.02	73.00

遇阻位置井眼轨迹如表 2－3 所示。

表 2－3 DC－26 井井斜数据表

测点深度/m	井斜角/(°)	累计垂深/m	狗腿度/(°)
1764.28	21.31	1674.13	0.13
1792.88	21.40	1700.77	0.10
1821.68	21.14	1727.61	0.41
1850.35	20.31	1754.42	0.83
1879.17	20.61	1781.42	0.30
1907.87	20.88	1808.26	0.24
1936.40	20.97	1834.91	0.14

DC－26 井完井作业期间，下完井管柱至 1853.28m 处遇阻无法通过，导致重新起钻，并增加一趟刮削工序，造成整个完井周期变长。

二、发生经过

DC－26 井完钻后，对该井进行了套管射孔－试油作业，自喷排液 5 天，累计出油 219.14m^3，出水 36.98m^3，出气 66745m^3；起出射孔管柱后，刮削至 400m，下完井管柱至 1853.28m，加压 3t 反复尝试上下活动管柱，无法通过遇阻位置，且遇阻位置没有变化，决定起钻。

三、处理过程

起出完井管柱情况描述：

(1)起出的电泵小扁保护器存在不同程度的磨损(图 2－1)，电泵接头处焊接的防倒块也存在磨损(图 2－2)。电泵磨损情况如图 2－3 所示。

图 2－1　电泵小扁保护器磨损

图 2－2　电泵接头防倒块磨损

图 2－3　电泵本体磨损

(2)起出电机上部小扁保护器磨损情况如图 2－4 所示，电机上接头处磨损如图 2－5 所示。传感器和扶正器本体存在大量油污(图 2－6)。

图2-4　电机上部小扁保护器磨损

图2-5　电机上接头处磨损

图2-6　传感器和扶正器本体存在大量油污

下 GX-T140 套管刮削器刮削至3000m，中途无明显遇阻痕迹，在泵挂深度2800~2850m处反复刮削3次，反洗井至出口干净，返出少量油污。

对小扁保护器进行打磨处理，磨后小扁接头处垂直投影尺寸为119mm。继续下完井管柱2844.32m，下钻过程正常，无遇阻显示。

四、原因分析

1. 直接原因

电机接完小扁保护器后垂直投影尺寸变大，导致下入遇阻。

由于电机小扁接头处垂直投影尺寸为 118mm，电机小扁保护卡处垂直投影尺寸为 120mm(目的为保护小扁接头不被剐蹭损坏，图 2 −7)，仅比套管内壁尺寸小 1mm，尺寸过大，在 20°井斜，1°狗腿的 $5\frac{1}{2}$in 套管(内径为 121.36mm，通径为 118.19mm)内出现结构性阻卡。

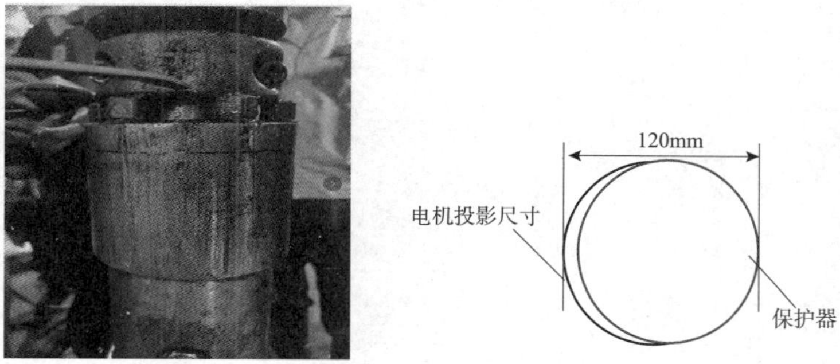

图 2 −7　电机小扁保护卡处垂直投影示意图

2. 间接原因

(1)电机、电缆保护卡外径均小于套管内径，未识别不同的情况下投影尺寸，会增加发生卡钻的风险。

(2)自喷生产时间长，套管内壁存在大量油污，刮削深度不够。该井下完井管柱之前使用 Φ116mm 通井规通井至井底 4222.02m，射孔后自喷生产 111h，时间较长，套管内壁存在大量油污，按照设计要求，刮削深度为 420m，下钻过程中大直径电机推着套管内壁油污下行导致完井管柱遇阻。

五、经验教训

(1)壁厚为 9.17mm 的 $5\frac{1}{2}$in 套管，内径为 121.36mm，因加工精度、套管同心度等问题，套管通径仅为 118.19mm。设计阶段，施工技术人员应加强与甲方的沟通，建议缩小电泵机组尺寸，或者优化小扁电缆保护卡尺寸，将最大投影直径控制在118mm以内。

(2)加强对电缆保护器、电泵机组等完井工具的检查丈量，确保入井工具能够满足施工需求。

(3)针对此类井眼施工，组织阶段应与厂家沟通，电泵机组出厂前安装小扁保护器，做整体性通过试验。

(4)建议设计过程中充分考虑实际情况，加深此类井眼作业的套管刮削深度，使其超过防砂管柱、完井管柱的下入深度，确保套管正常、无变形，内壁干净。

(5)下完井管柱过程中出现遇阻现象，应及时分析原因后再采取对应措施。

3. HW－B5 井地质钻杆变扣断裂事件

一、基本情况

人工井底：1887.89m。

最大井斜：22.5°。

造斜点深度：340.7m。

完井方式：防砂完井(优质筛管砾石充填)。

井斜数据如表 3－1 所示。

表 3－1 HW－B5 井井斜数据表

斜深/m	井斜/(°)	方位/(°)	垂深/m	+N/－S/m	+E/－W/m	垂向距/m	狗腿度/(°/30m)	造斜率/(°/30m)	方位造斜率/(°/30m)
0	0	0	0	0	0	0	0	0	0
277	0.3	265	277	－0.06	－0.72	－0.15	0.032	0.03	0
302.28	0.4	282.6	302.28	－0.05	－0.87	－0.15	0.173	0.12	20.89
340.71	2.9	24.2	340.69	0.87	－0.61	0.79	2.347	1.95	79.31
359.54	5.6	33.7	359.47	2.07	0.1	2.06	4.431	4.3	15.14
378.33	7.1	24.5	378.14	3.89	1.09	3.99	2.887	2.39	－14.69
397.07	8.3	15.9	396.71	6.24	1.94	6.42	2.658	1.92	－13.77
418.82	9.1	10.6	418.21	9.44	2.69	9.69	1.561	1.1	－7.31
436.75	10.5	10.8	435.88	12.44	3.25	12.73	2.343	2.34	0.33
455.54	11.8	12.7	454.32	16	4	16.35	2.157	2.08	3.03
474.54	12.9	8.2	472.88	19.99	4.73	20.4	2.307	1.74	－7.11
493.54	13.9	6.2	491.36	24.36	5.27	24.81	1.74	1.58	－3.16
512.08	14.4	6.1	509.34	28.86	5.76	29.34	0.81	0.81	－0.16

续表

斜深/m	井斜/(°)	方位/(°)	垂深/m	+N/-S/m	+E/-W/m	垂向距/m	狗腿度/(°/30m)	造斜率/(°/30m)	方位造斜率/(°/30m)
530.89	15.5	5.9	527.51	33.69	6.27	34.19	1.756	1.75	-0.32
551	17.8	5.5	546.78	39.42	6.84	39.95	3.435	3.43	-0.6
568.57	18.4	6.2	563.48	44.85	7.4	45.41	1.09	1.02	1.2
587.39	17.8	6.8	581.37	50.66	8.06	51.26	1.002	-0.96	0.96
605.8	18.9	4.5	598.84	56.43	8.62	57.05	2.146	1.79	-3.75
624.7	20.5	2.7	616.63	62.79	9.02	63.41	2.716	2.54	-2.86
643.47	20.7	1.3	634.2	69.39	9.25	69.99	0.85	0.32	-2.24
662.5	20.7	358.5	652	76.11	9.24	76.67	1.56	0	-4.41
681.79	20.9	355.2	670.04	82.95	8.86	83.42	1.849	0.31	-5.13
700.74	20.2	352	687.78	89.56	8.12	89.89	2.095	-1.11	-5.07
719.62	20	351.5	705.51	95.98	7.19	96.16	0.419	-0.32	-0.79
738.45	20	356	723.21	102.38	6.49	102.44	2.452	0	7.17
757.18	19.2	357.8	740.85	108.65	6.15	108.63	1.605	-1.28	2.88
776.04	18.7	359.9	758.69	114.77	6.03	114.7	1.345	-0.8	3.34
794.8	18.4	1.3	776.48	120.74	6.09	120.63	0.859	-0.48	2.24
813.64	18.4	0.6	794.35	126.68	6.19	126.55	0.352	0	-1.11
832.42	18.6	1.7	812.16	132.64	6.31	132.48	0.643	0.32	1.76
851.27	18.1	2.4	830.05	138.57	6.52	138.39	0.87	-0.8	1.11
870.15	18.9	4.7	847.96	144.55	6.89	144.37	1.72	1.27	3.65
888.96	18.5	5.9	865.78	150.55	7.45	150.4	0.885	-0.64	1.91
907.8	18.5	7.1	883.64	156.49	8.12	156.38	0.606	0	1.91
926.49	18.3	8.3	901.38	162.34	8.91	162.28	0.688	-0.32	1.93
945.35	18	8.5	919.3	168.15	9.77	168.15	0.487	-0.48	0.32
964.06	18.8	8.2	937.05	174	10.63	174.05	1.292	1.28	-0.48
982.94	18.4	9.4	954.95	179.95	11.55	180.07	0.88	-0.64	1.91
1001.7	17.9	8.5	972.77	185.72	12.46	185.91	0.917	-0.8	-1.44
1020.56	18.4	9.8	990.69	191.52	13.39	191.78	1.023	0.8	2.07
1039.28	19.3	7.8	1008.41	197.49	14.32	197.82	1.775	1.44	-3.21
1058.05	19.2	8.7	1026.13	203.62	15.21	204.01	0.5	-0.16	1.44

续表

斜深/m	井斜/(°)	方位/(°)	垂深/m	+N/－S/m	+E/－W/m	垂向距/m	狗腿度/(°/30m)	造斜率/(°/30m)	方位造斜率/(°/30m)
1076.89	18.5	9.2	1043.96	209.63	16.15	210.09	1.144	－1.11	0.8
1095.67	18.5	10.7	1061.77	215.5	17.18	216.04	0.76	0	2.4
1114.53	17.7	9.2	1079.7	221.27	18.2	221.89	1.473	－1.27	－2.39
1133.41	17.6	9	1097.69	226.92	19.1	227.61	0.186	－0.16	－0.32
1152.25	17.8	10.1	1115.64	232.57	20.05	233.33	0.62	0.32	1.75
1171.22	17.9	9.8	1133.69	238.3	21.06	239.13	0.215	0.16	－0.47
1190.12	17.8	9.2	1151.68	244.01	22.01	244.92	0.332	－0.16	－0.95
1208.88	18.2	10.1	1169.52	249.73	22.98	250.71	0.779	0.64	1.44
1227.73	18	11	1187.44	255.49	24.06	256.55	0.547	－0.32	1.43
1248.13	17.7	11.2	1206.86	261.62	25.26	262.79	0.45	－0.44	0.29
1266.88	18.4	9.9	1224.69	267.33	26.32	268.58	1.292	1.12	－2.08
1285.66	18.4	8.5	1242.51	273.18	27.27	274.5	0.706	0	－2.24
1304.44	18.5	8.7	1260.32	279.06	28.16	280.44	0.189	0.16	0.32
1323.28	18.8	9	1278.17	285.01	29.09	286.46	0.502	0.48	0.48
1342.14	18.7	8	1296.03	291.01	29.98	292.52	0.535	－0.16	－1.59
1360.85	18.1	7.6	1313.79	296.86	30.78	298.43	0.983	－0.96	－0.64
1379.73	17.7	7.8	1331.75	302.61	31.56	304.23	0.643	－0.64	0.32
1398.49	17.8	7.3	1349.62	308.28	32.31	309.95	0.292	0.16	－0.8
1417.35	17.8	7.6	1367.58	314	33.06	315.71	0.146	0	0.48
1436.07	17.5	8	1385.41	319.62	33.83	321.39	0.519	－0.48	0.64
1454.84	17.6	7.8	1403.31	325.23	34.61	327.05	0.187	0.16	－0.32

井身结构数据如表 3－2 所示。

表 3－2　HW－B5 井井身结构数据表

	套管	重量(PPF)	钢级	扣型	下深/m
套管程序	20in 隔水套管	—	—	—	268.8
	9⅝in 技术套管	47	N80/13Cr	FOX/NK3SB	1242.7
	7in 生产套管	29	N80/1Cr	BTC/VamTop	1963
筛管尺寸/mm	外径 105，内径 76				

续表

防砂方式	优质筛管砾石充填防砂				
固井质量	良好				
防砂后管柱最小内径/mm	76				

防砂管柱示意图如图 3－1 所示。

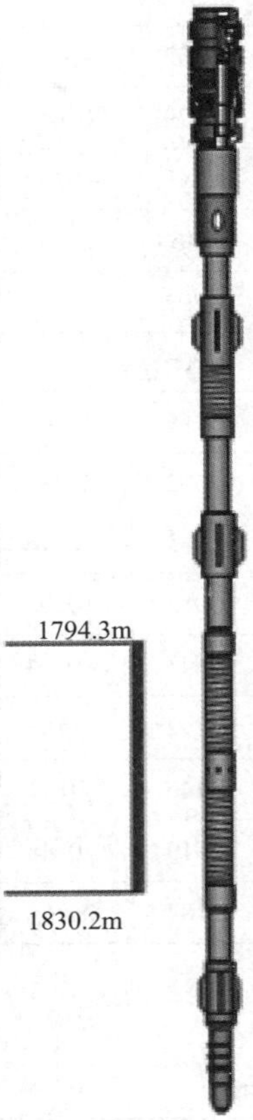

油层	管柱图	名称	下深/m	长度/m	外径/mm	内径/mm
		留井鱼顶	1758.20			
		RF162(Ⅱ)悬挂器	1769.00	0.80	162.00	90.00
		RF152 充填滑套	1760.00	1.00	127.00	90.00
		RF152 密封筒	1760.50	0.50	127.00	84.00
		$3\frac{1}{2}$in 光管	1770.50	10.00	89.00	76.00
		LS105 信号筒管	1775.30	4.80	108.00	76.00
		$3\frac{1}{2}$in 光管	1789.10	13.80	89.00	76.00
		FZ153 扶正器	1789.40	0.30	153.00	76.00
		LS105 绕丝筛管	1808.60	19.20	108.00	76.00
		ST 安全工具	1808.80	0.20	108.00	76.00
		LS105 绕丝筛管	1832.80	24.00	89.00	76.00
		FZ153 扶正器	1833.10	0.30	153.00	76.00
		KMD 密封插头	1833.3	0.20	75.00	50.00

图 3－1　HW－B5 井防砂管柱示意图

在回收 RF152 防砂封隔器前，使用液压式水力内割刀进行机械切割筛管，在第二次防砂盲管切割过程中发生变扣断裂事故。

二、发生经过

第一次切割防砂盲管：

切割管柱结构自下而上为：Φ66mm 水力内割刀（最大切割范围 96mm）+ Φ50.8mm 地质钻杆 3 根 + 变扣 + Φ89mm 钻杆。

切割位置：1767.6m（信号筛管以上第二根 Φ89mm 光管中部）。

切割参数：转速为 50r/min，排量为 $15m^3/h$，泵压为 4.0MPa，扭矩为 3～4kN·m，50min 后扭矩突然增大至 4.0～5.0kN·m 并有持续增大趋势，此后立即停泵、转盘。

起出割刀并检查，发现割刀刀背有明显磨痕，刀片磨损约 8mm（图 3－2）。

图 3－2　割刀刀背磨痕

第二次切割防砂盲管：

切割管柱结构自下而上为：Φ66mm 水力内割刀（最大切割范围为 96mm）+ Φ50.8mm 地质钻杆 3 根 + 变扣 + Φ89mm 钻杆。

切割位置：1777.874m（信号筛管以下第 1 根 3½in 光管距上部 2m 位置）。

切割参数：转速由 24r/min 增大至 50r/min，排量为 9～$15m^3/h$，泵压由 2.2MPa 增大至 4.0MPa，扭矩由 3.8kN·m 增大至 5.0kN·m，然后减小至 3.8kN·m。

起钻：悬重过提40kN，多次尝试无法起出，原悬重正转扭矩正常，过提10kN，正转5圈，扭矩无变化，管柱解卡。

起出后发现，管柱在变扣（2A11×2A30）公扣（图3－3）处断裂，水力内割刀及地质钻杆共计20.608m落井。

图3－3　变扣公扣处断裂

三、处理过程

钢丝作业探鱼顶深度：钢丝作业探鱼顶1809m处遇阻（防砂封隔器以上24m），核实落鱼位置，认为其不影响切割盲管。

化学切割盲管：切割位置为1770.156m处（信号筛管上第1根2m短节中部）。

套铣顶部封隔器结构：Φ152mm套铣头＋Φ146mm套铣筒＋Φ89mm加重钻杆（加3个Φ140mm捞杯）＋Φ89mm正扣钻杆＋Φ196mm捞杯1个＋Φ89mm钻杆。

套铣过程：泵压为5.8MPa，排量为54m^3/h，钻压为5～100kN，转速为60～80r/min，扭矩为3.8～4.5kN·m。

套铣28h，累计进尺0.45m，出口见出细小铁屑及少量胶皮。起钻检查发现：铣鞋带出防砂封隔器，实际套铣进尺16cm，封隔器胶皮挤压磨损落井，卡瓦回收完全。

后续通过套铣、可退式捞筒外捞的方式打捞剩余防砂管柱。

四、原因分析

1. 直接原因

现场解卡操作不合理，水力割刀刀片未完全回收，盲目上提及过提转动管柱，导致变扣(2A11 ×2A30)断裂管柱落井。

2. 间接原因

(1)设计过程中未明确使用地质钻杆进行机械切割的施工参数，对现场的操作指导性不够。

(2)现场技术人员在设计未明确工具使用参数的情况下也未查阅相关工具的使用参数，现场制定的施工参数不合理，盲目施工。

五、经验教训

(1)编写打捞工艺人员应充分结合施工井基础数据及工具性能参数，确定合理的施工参数，加强施工设计的指导性。

(2)现场技术人员应详细了解井下工具的性能参数，对设计参数进行校核，确定并下达合理的施工指令。

(3)建议优化切割管柱结构，避免使用性能参数较低的小尺寸地质钻杆。大斜度井可采取螺杆钻＋水力割刀、化学切割等其他切割工艺进行切割，避免扭矩过大损坏钻具及工具。

4. CB－2 井压裂防砂施工砂卡事件

一、基本情况

人工井底：1758.78m。

最大井斜：48.50°。

造斜点深度：339.34。

套管数据如表 4－1 所示。

表 4－1　CB－2 井套管数据表

套管名称	规格/mm	套管钢级	壁厚/mm	联入/m	下深/m	阻流环位置/m	短套管位置/m	水泥返高/m
隔水管	762.0	D32	26.00 38.00	12.92	105.41			泥线
表层套管	339.7	J55	9.65	12.68	413.62			井口
油层套管	177.8	N80	9.19	12.20	1769.20	1757.65	1554.90～1557.20	493.0

防砂管柱结构如图 4－1 所示。

2013 年 2 月 20 日，CB－2 井进行一趟管柱分层挤压充填防砂时发生砂卡事故。

二、发生经过

2 月 20 日 19:50 投球，在 8MPa 时打开滑套，准备第二层压裂防砂施工。泵注程序如表 4－2 所示。

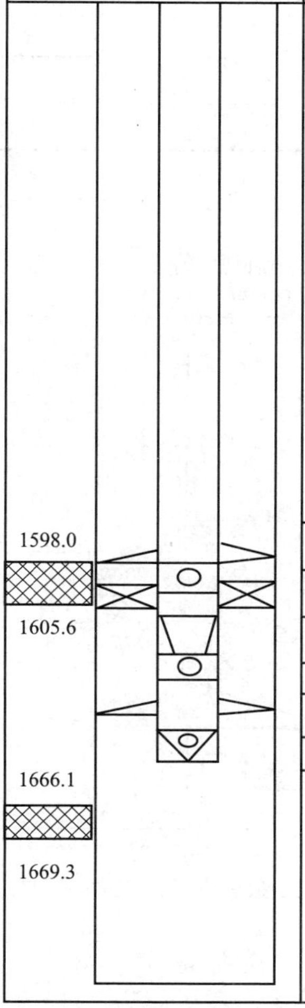

管柱设计图	下深/m	工具名称	外径/mm	通径/mm	长度/m
	1606.76	油管	89	76	
	1607.34	扶正器2	150	76	0.35
	1609.7	注砂器+封隔器+接收器	150	60/76	1.63
	1619.25	油管	89	76	9.41
	1619.74	扶正器1	150	76	0.35
	1620.51	防砂注砂器1	106	60	0.77
	1620.98	反洗阀	89		0.47
	1758.69	人工井底			

图 4－1　CB－2 井一趟管柱分层挤压充填防砂管柱示意图

表 4－2　CB－2 井第二层压裂防砂施工泵注程序表

时间	泵注程序	液量/m^3	施工排量/(m^3/min)	施工压力/MPa	备注
19:50～20:31	试挤	30	0.4～2	6.4～15.6	
20:31	停泵记录压力	—	—	3.8～2.1	
20:41～21:01	前置液	36.50	2.0	15.1～16.8	
21:01～21:20	携砂液	38	2.0	15～30	通知做反洗准备

续表

时间	泵注程序	液量/m^3	施工排量/(m^3/min)	施工压力/MPa	备注
21:20~21:22	顶替液	4	2.0~0.5	30	
	停泵				

防砂曲线如图4-2所示。

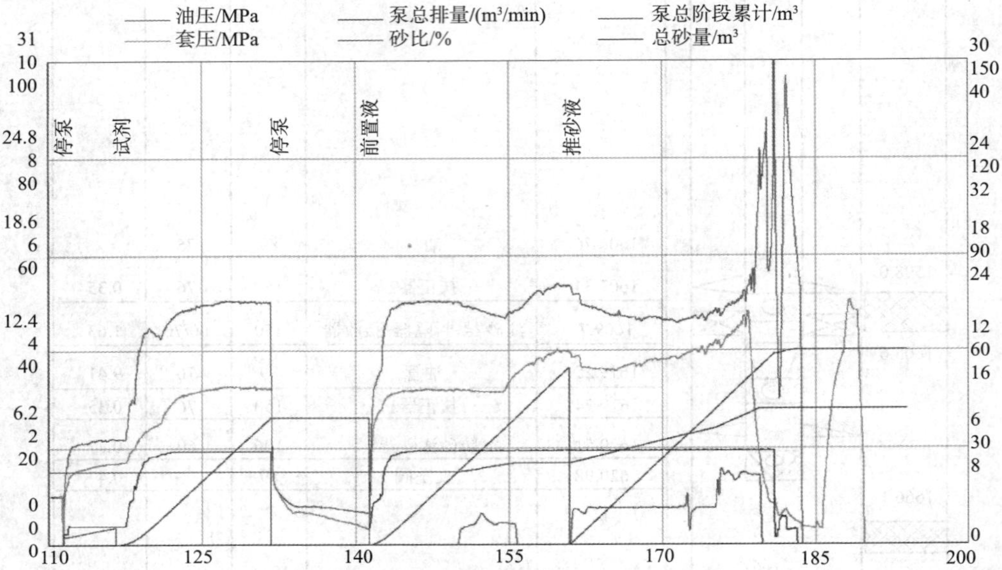

图4-2 CB-2井第二层压裂防砂施工曲线

21:20，泵注压力上升过快，停砂并通知平台做好反洗准备。

21:22，超压停泵。

21:25，倒流程，用密度1.0g/cm^3的修井液反洗井，泵压为18MPa，排量为110L/min，出口不返液，停泵。

21:40，上提管柱悬重由0kN上升至260kN，此后又升至400kN，在0~400kN下活动钻具，管柱无移动，继续上提管柱至500kN，管柱无移动，回放管柱至原悬重。

23:40，倒扣，部分防砂管柱留井，留井管柱结构为：Φ89mmEU油管100根×946.03m+变扣×0.23m+扶正器×0.35m+提升短接×0.73m+(注砂器+封隔器+接收器)×1.63m+变扣×0.14m+Φ89mmEU油管1根×9.41m+变

扣× 0.14m + 扶正器 ×0.35m + 防砂注砂器 ×0.77m + 反洗阀 ×0.47m。

三、处理过程

下打捞管柱，分 3 次捞获全部落鱼。

(1) 下 Φ89mm 反扣钻杆底带双滑块捞矛，加压 60kN，上提管柱悬重由 80kN 增大至 400kN，捞获落鱼；在 0 ~ 400kN、0 ~ 500kN 下活动钻具，管柱无移动；上提管柱悬重至 180kN，反转 9 圈，扭矩由 3kN · m 增大至 6kN · m，然后减小至 3kN · m，悬重由 180kN 减小至 140kN，捞获 Φ89mmEU 油管 3 根，鱼顶为 Φ89mmEU 油管母扣。

(2) 下 Φ89mm 反扣钻杆底带双滑块捞矛，加压 100kN，上提管柱悬重由 40kN 增大至 300kN，捞获落鱼，在 0 ~ 500kN、0 ~ 600kN、0 ~ 700kN 下活动钻具，管柱无移动；上提管柱悬重至 240kN，反转 11 圈，扭矩由 3kN · m 增大至 5kN · m，然后再减小至 3kN · m，悬重由 240kN 减小至 200kN；捞获 Φ89mmEU 油管 70 根，鱼顶为 Φ89mmEU 油管母扣。

(3) 下 Φ89mm 反扣钻杆底带双滑块捞矛，加压 20kN，上提管柱悬重由 220kN 增大至 300kN，捞获落鱼；在 200 ~ 550kN 下反复活动，悬重由 550kN 缓慢减小至 320kN，继续上提管柱，悬重保持 320kN 无变化；捞获 Φ89mmEU 油管 31 根、变扣 3 个、扶正器 2 个、提升短接 1 根、注砂器 + 封隔器 + 接收器 1 个、注砂器 1 个、反洗阀 1 个，封隔器胶皮完好。

四、原因分析

1. 直接原因

地层渗透率高，携砂液大量滤失，造成提前脱砂，导致大量的陶粒砂堆积在井筒内，砂埋管柱。

该井第二层位于馆陶组 $Ng4^2$，地层渗透率为 $6976.77 \times 10^{-3} \mu m^2$，孔隙度为 42.05%，有效厚度为 16m，泥质含量为 5.08%，属于结构疏松、均质性强、孔渗发育好的砂岩储层。当携砂液穿过炮眼进入地层后就会大量滤失，不能在地层内形成高压，压裂造缝能力较弱，压裂液的大量滤失还会导致携砂能力下降，携砂液进入地层后，压裂液就会快速滤失，造成提前脱砂，导致大量的陶粒砂堆积在井筒内，最终形成管柱砂埋。

2. 间接原因

(1) 压裂液体系设计不合理，作业前，设计人员未针对该井地层高渗透性的特点，设计合理的压裂液性能，导致施工时压裂液大量滤失，造成提前脱砂。

(2) 反洗不及时，班组倒流程时间过长，从超压停泵到反洗间隔 3min，因而进一步增大了沉砂砂堵埋管柱的风险。

五、经验教训

(1) 对于渗透率超高、滤失性极强的地层，可以采用以提高施工排量、用交联剂增大压裂液的携砂能力、降低砂浓度等多种方法，减小地层滤失对携砂液的影响，完成该地层的砾石充填施工。

(2) 设计阶段，设计人员应对地层的参数进行认真分析，设计合理的压裂液体系，提高设计的针对性。

(3) 针对这种压裂防砂管柱结构，当防砂出现油压上涨、套压下降现象时，判断防砂管柱出现砂堵后，应及时组织反洗，解除砂堵。

(4) 防砂前应进行反循环脱砂演练，施工过程中相关岗位人员随时待命，缩短应急处置时间。

(5) 配置好的压裂液应及时使用，避免放置时间过长造成压裂液性能失效，泵注期间每隔 5 ~ 10min 取样，检查液体交联性能，施工压力波动较大时应提高取样频率，及时调整交联比。

5. SC－11 井压裂防砂作业事件

一、基本情况

人工井底：1636.0m。

最大井斜：38.40°。

造斜点深度：741.0m。

套管数据如表 5－1 所示。

表 5－1　SC－11 井套管数据表

套管名称	规格/mm	套管钢级	壁厚/mm	联入/m	下深/m	阻流环位置/m	短套管位置/m	人工井底/m	水泥返高/m
隔水管	762.0	D32	26.00 38.00	12.92	110.72				泥线
表层套管	339.7	J55	9.65	12.68	451.70				井口
油层套管	177.8	N80	9.19	12.20	1655.02	1642.62	1471.02～ 1473.32	1636.0	585.0

压裂防砂作业管柱结构自下而上依次为：封隔器、注砂器、油管、封隔器、油管。需要对作业油层进行上下封隔，将注砂器对准油层进行压裂防砂。先进行下部层位防砂施工，然后上提管柱，进行上部层位防砂施工。

二、发生经过

首先对下部层位进行压裂防砂作业，作业过程正常。

上提管柱卡封上部层位进行压裂防砂作业时，发现启泵后憋压，多次尝试未果。

起出压裂防砂管柱并检查，发现管柱数量与作业指令不一致，导致卡封位置错误，防砂失败。

三、处理过程

起出原压裂防砂管柱，重新下入管柱进行上层的压裂防砂。

四、原因分析

1. 直接原因

下入管柱数量错误，卡封位置失误，未对准油层。

2. 间接原因

(1) 现场岗位人员责任心不强，未核实油管数量，未按照作业指令对管柱进行编号，导致下入管柱数量错误。

(2) 现场工程技术人员未完全掌握现场管柱数量，现场施工监管不到位，在下达作业指令之后未到现场对立柱数量进行核实。事故发生后，未能及时发现管柱下入数量存在错误，未及时调整管柱深度，导致管柱重复起下，损失时效。

五、经验教训

(1) 工程技术负责人应随时掌握施工动态，明确钻台立柱数量，关键工序应核实管柱下入数量，杜绝管柱数量错误导致的施工问题。

(2) 现场岗位人员应加强工作责任心，对管柱进行编号，完全掌握钻台立柱数量及变化情况，倒班时做好巡检核对和交接工作，不能存在含糊之处。

(3) 压裂防砂作业时，若出现憋压，在排除砂堵、流程不通的情况下，可以核实管柱深度是否正对油层。

6. JN－1072 井钻水泥塞卡钻事件

一、基本情况

人工井底：4478m。

最大井斜：11.53°。

造斜点深度：165m。

套管数据如表 6－1 所示。

表 6－1　JN－1072 井套管数据表

名称	规范/mm	钢级	壁厚/mm	深度/m	水泥返深/m	固井质量
表层套管	850	CCSDH32	30.0	130	—	未评价
表层套管	339.7	N80Q	12.19	1648.1	16.0	合格
技术套管	244.48	N80Q/P110	11.99	3757	100	不合格
油层套管	139.7	P110	9.17	2906.41	950	其他
油层套管	139.7	P110	10.54	2906.41～4495	950	其他

钻塞前，临时弃井井身结构示意图如图 6－1 所示。

在钻完井口第一个水泥塞后，起钻过程中发生卡钻。

井口采用 FZ35－70 型防喷器，防喷器通径为 346.1mm。

二、发生经过

钻塞管柱组合：Φ116mm 五刃磨鞋＋Φ105mm 钻铤 2 根＋Φ73mm 钻杆。

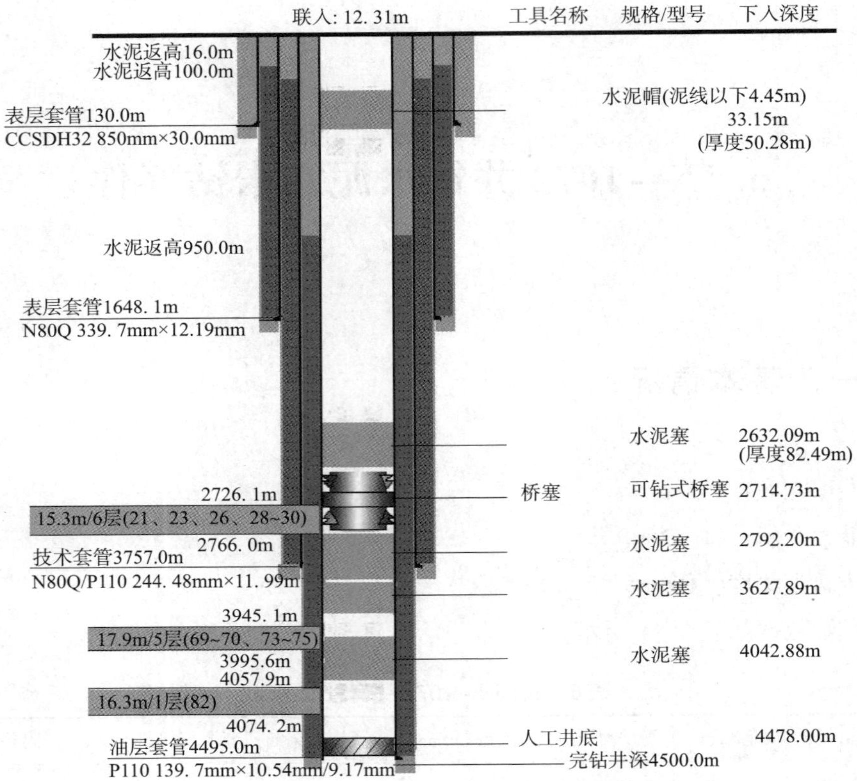

图 6－1　JN－1072 井临时弃井井身结构示意图

钻塞至 83m，起出方钻杆，关变径闸板防喷器并关井观察，无溢流显示，接 Φ73mm 钻杆 2 根，用密度 1. 16g/cm^3 压井液 10m^3 正循环洗井至进出口液性一致，排量为 1000L/min，泵压为 12MPa，洗井深度为 96. 23m。

起钻至 58. 97m 时发生卡钻。

三、处理过程

下放管柱遇阻，上提遇卡；小排量起泵，出口无返出，泵压缓慢上升至 10MPa 后，停泵，无明显压降；憋压活动管柱，上提并在 0 ~ 5t 之间反复活动管柱，无解卡显示；过提 1t 井口坐手提卡瓦，缓慢正转管柱，扭矩上升至 12kN · m，无解卡显示；管柱下放至原悬重，液压钳反转管柱，反转 20 圈，有松动迹象，上提管柱无解卡显示，下放至原悬重，正转管柱 15 圈，管柱发生弹跳，泵压下降至 0，上提管柱悬重正常，起出。

四、原因分析

1. 直接原因

水泥碎屑在防喷器内腔堆积。洗井返出通道由套管进入防喷器内腔，流速减慢，在套管头处形成旋流，造成水泥碎屑堆积卡钻。

2. 间接原因

(1)工程技术人员未充分识别到钻塞过程中可能存在的卡钻风险。

(2)修井液黏度、返速等参数不满足施工要求，无法及时将水泥碎屑带出，从而导致回落、堆积，造成卡钻。

五、经验教训

(1)施工设计编写人员应充分结合现场施工情况，综合考虑、全面分析，明确施工参数，提高现场作业的可操作性。

(2)加强施工作业风险辨识，针对返出通道有扩径的情况，制定风险防范措施。

(3)钻磨长灰段时，控制钻压，充分研磨，每钻磨 5m 进行多次划眼，钻塞结束后可打适量稠塞将碎屑充分携带出井筒。

7. DC－39井注灰油管“灌肠”事件

一、基本情况

人工井底：4208m。

最大井斜：4.29°。

最大井斜深度：4225m。

套管数据如表7－1所示。

表7－1 DC－39井套管数据表

套管名称	外径/mm	壁厚/mm	钢级	下入深度/m	水泥返高/m	阻流环深/m
导管	Φ850.0	30/38/45	DH32	80.06	海底泥面	79.53
表套	Φ339.7	9.65	J55	700.78	海底泥面	689.61
技套	Φ244.5	10.03	P110	3291.551	687.0	3270.052
油层套管	Φ139.7	9.17	P110	4223.217	2645.0	4211.677

注灰管柱示意图如图7－1所示。

DC－39井于2012年试油后进行永久弃井施工，在进行油层封堵时发生油管“灌肠”事故。

二、发生经过

22日3:08～3:10，正替密度为1.0g/cm^3前置液0.54m^3。

3:10～4:25，配灰，配制过程中水泥泵抽取水泥浆打循环，直至配灰结束，共配制水泥浆量 3.5m^3，密度为 1.75g/cm^3，配制水泥浆的过程中，内循环管线出现返液不正常，通过反复活动出液闸门、用铁锹搅拌出液口水泥、加大泵车油门等措施使内循环恢复正常。此次注灰共使用普通 G 级水泥 4t、高温缓凝剂(BCR－300L) 140kg、降失水剂(BXF－200L) 120kg、硅石粉 1.5t。

4:25～4:50，开泵注水泥，注入水泥浆 2m^3 后，由于搅拌罐搅拌不均匀，罐四周水泥稠浆沉淀，泵不上水，疏通后无效。

4:50～4:52，关旋塞，倒平台流程。

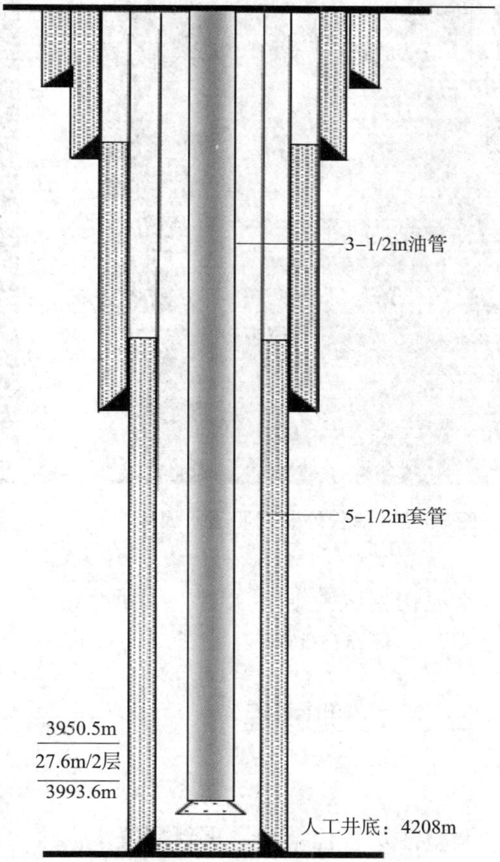

图 7－1　DC－39 井注灰管柱示意图

4:52～5:30，开旋塞，用平台修井泵顶替(后置加顶替)，打入 1.31g/cm^3 压井液 16.3m^3。

5:30～6:10，起出 Φ73mmEU 油管 40 根。

6:10～6:20，开泵油管正打压 24MPa，压力不降，怀疑油管堵死，起钻。

22 日 6:20～23 日 1:30，起出注灰管柱，发现底部 23 根 Φ89mmEU 油管被水泥堵塞，其中有 6 根油管外壁有明显水泥壳(图 7－2)。(6:50 清罐时，搅拌罐内残余水泥浆已初凝，图 7－3。)

图7-2　油管外壁有明显水泥壳

图7-3　搅拌罐内残余水泥浆初凝

水泥初凝试验结果如图7-4所示。

三、处理过程

调整注灰管柱结构，重新配置水泥浆，进行注灰封层作业，封层顺利完成。

四、原因分析

1. 直接原因

配置水泥浆过程中，水泥没有得到充分搅拌，泥浆罐底部水泥沉积，在注水泥浆过程中，罐内液位下降至未充分搅拌的水泥浆位置后，这部分未搅拌充分的水泥浆提前初凝，造成管柱灌肠、泥浆罐底部固结。

2. 间接原因

(1)配水泥浆时，加灰过快，造成部分干水泥未充分融合，形成块状颗粒在方形罐四周罐壁处沉降堆积，泵注时部分稠水泥浆被泵注进油管内。

试验条件	水泥浆配方		
模拟井况	材料	质量比	体积
1 垂直井深________m 2 井深__________m 3 地温梯度___________℃/100m 4 井底静止温度__150__℃ 5 井底循环温度__________℃ 6 水泥浆顶部温度__________℃ 7 井底压力__55__MPa 8 井口压力__________MPa 9 到达井底时间__80__min 试验规范:	夹江G级水泥	100.0	
	硅石粉	35	
	BXF－200L(AF)(降失水剂)	3.0	
	BCR-300L(高温缓凝剂)	3.2	
	水	54.0	
	G603(消泡剂)	0.2	
	水泥浆密度 __1.88__g/cm³	造浆量 ________m³/t	
指标名称	试验条件	试验结果	
流动度		23cm	
流变性	转速		
	读数		
游离液含量	______℃	______mL	
API失水量	__90__℃__6.9__MPa	__32__mL	
稠化时间(100Bc) 可泵时间(40Bc) 初始稠度(15~30min)	__150__℃__55__MPa 升温时间__80__min	__334__min __330__min __9__Bc	
抗压强度 (龄期:__24__h)	__150__℃__21__MPa 升温时间__240__min	__16__MPa	

图7－4　DC－39井水泥初凝试验结果(作业现场用表)

(2)配灰使用的方罐搅拌器叶轮过小(尺寸为40cm×12cm，搅拌罐底尺寸为235cm×230cm)，搅拌范围较小，上、下叶轮间距大(68cm)，由于水泥浆量少，配灰时上搅拌器叶轮无法搅拌到灰浆，水泥浆罐罐壁四周及出液口处水泥浆无法充分被搅拌，导致水泥浆融合不均匀。

(3)注灰前未充分洗井降温，井底温度高造成水泥浆提前凝固。

(4)注灰管柱不合理，采用Φ73mmEU油管底挂Φ89mmEU油管进行注灰作业。这样操作一方面违反了大管底带小管的常规操作，另一方面，Φ89mmEU油管接箍外径114mm，套管内径121mm，环空间隙小，注灰起钻不利于环空泥浆下沉，易挂油管外壁。

五、经验教训

(1)施工前，认真检查水泥及添加剂性能，确保质量合格，满足使用要求。

(2)注水泥前，要对水泥及添加剂进行取样，做水泥稠化试验。施工时，根据试验的配方配好水泥浆，并将作业时间(从配水泥浆开始到反洗井结束的时间)控制为水泥浆稠化时间的70%以内。

(3)配水泥浆时，应匀速加入干水泥，并防止硬块、包装袋碎屑进入搅拌罐内，影响后续泵注施工。

(4)注灰使用的搅拌罐应确保能充分搅拌水泥浆，防止因水泥浆搅拌不均匀而产生沉降堆积。

(5)对于井深较深、井温较高的井，注灰前应进行充分洗井降温。

(6)Φ139.7mm套管注水泥塞施工，建议选用Φ73mm油管进行作业。

(7)建议注灰施工前提前识别施工中可能存在的风险，做好应对措施，降低异常情况造成的工程风险。

8. SC－2 井电缆绝缘落零事件

一、基本情况

人工井底：1615.6m。

最大井斜：36°。

造斜点深度：648m。

套管数据如表 8－1 所示。

表 8－1　SC－2 井套管数据

套管名称	规格/mm	套管钢级	壁厚/mm	联入/m	下深/m	水泥返高/m	固井质量评价
隔水管	508.0	J55	12.70	13.49	104.81	泥线	
表层套管	339.7	J55	9.65	13.24	443.03	井口	
油层套管	177.8	N80	9.19	12.76	1630.01	331.0	合格

注：短套管位置为 1522.37～1524.94m。

井口采油树及油管悬挂器如图 8－1、图 8－2 所示。

2018 年 2 月 23 日，SC－2 井经过检泵作业，生产约 40 天后停井，测电缆对地绝缘为 0，造成工程返工。

二、发生经过

SC－2 井重新作业，拆采油树前，检查采油树底法兰压帽处电缆铅皮破损。起出油管悬挂器，悬挂器上方电缆铅皮变形（图 8－3），有电缆铅皮与绝缘层之间存有积水（图 8－4）。起出过电缆封隔器，拆除电缆连接包，测得电缆连接包以下电缆绝缘值为 500MΩ。过电缆连接包处绝缘良好，电缆连接包以下电缆绝缘正常。

图8－1　井口采油树

图8－2　油管悬挂器

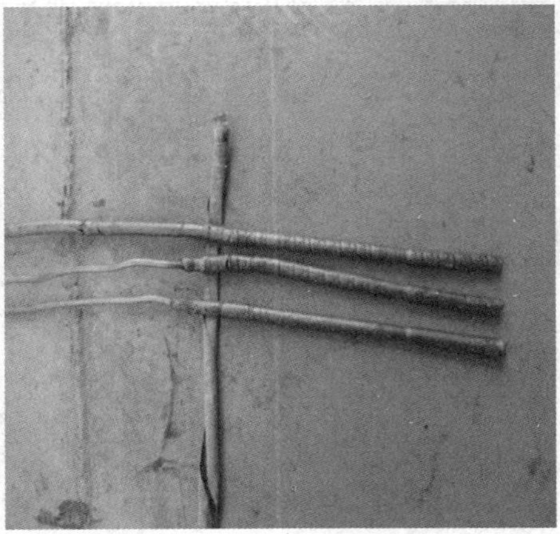

图8－3　悬挂器上方电缆铅皮变形

图8－4　电缆铅皮与绝缘层之间存积水

三、处理过程

更换过电缆封隔器、井口穿越，重新按照设计下入完井管柱。

四、原因分析

1. 主要原因

安装井口采油树时，井口操作不当导致电缆保护铅皮破损进水，生产过程中电缆击穿造成绝缘落零。

2. 间接原因

现场技术人员监管检查不到位，完工后未及时对井口电缆穿越处进行确认检查，破损的电缆投产，最终导致电缆绝缘落零。

五、经验教训

(1)加强井口服务人员操作水平。安装时采油树上半套和底法兰分体吊装，确保吊装水平。安装时服从专人指挥，控制速度，确保采油树安装时不损伤电缆、液控管线。

(2)提高现场工程技术人员责任心，对承包商作业进行严格监督，作业完毕后及时对施工情况进行检查确认，保障服务质量。

(3)若完井发现电缆损坏，要及时对损坏部位进行检查并处理，严禁存在故障隐患的电缆入井投产。

9. SC－9 井电缆无绝缘事件

一、基本情况

人工井底：1641.00m。

最大井斜：35.5°。

造斜点深度：208.70m。

套管数据如表 9－1 所示。

表 9－1　SC－9 井套管数据表

套管名称	规格/mm	套管钢级	壁厚/mm	联入/m	下深/m	阻流环位置/m	短套管位置/m	人工井底/m	水泥返高/m
隔水管	1000.0		26.00		94.60				打桩机打入
表层套管	339.7	J55	9.65	9.56	551.17				井口
油层套管	177.80	P110	9.19	9.00	1637.38	1633.69	1551.54～1554.24	1627.0	298

在下完井管柱至 659.99m 处时，测电缆对地绝缘电阻为 0Ω。

二、发生经过

4 月 3 日开始下入完井管柱，每下 10 根测一次电缆绝缘情况，当下钻至 659.99m 时，测电缆对地绝缘电阻为 0Ω。此后，决定起出完井管柱，查找原因，起钻过程中发现：

(1) 以完井管柱喇叭口为坐标原点，起钻发现分别距完井管柱喇叭口 621m

（此处铠皮有压痕，拆开铠皮发现橡胶绝缘层轻微开裂，图 9－1）、544m（此处铠皮上有压痕）、410m（此处铠皮上有压痕，图 9－2）处发现 3 处电缆压痕，电缆保护器沿油管方向有上下滑动的印痕。

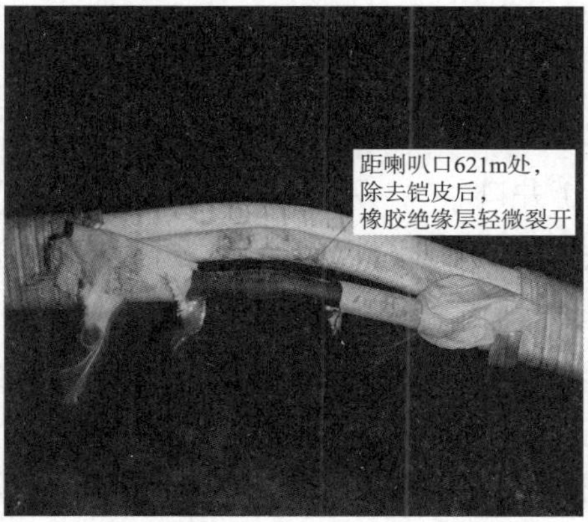

图 9－1　井深 621m 处电缆

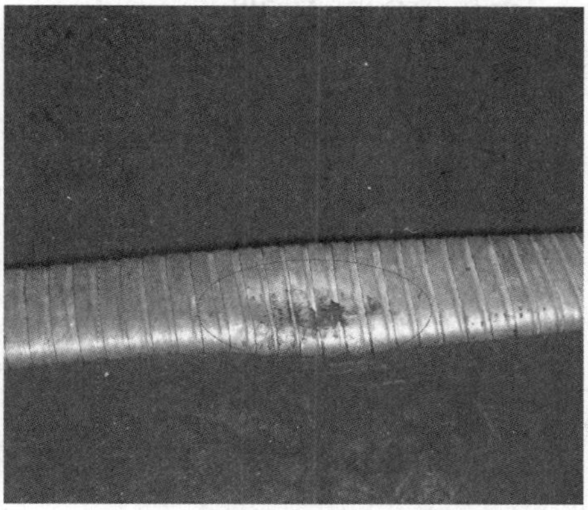

图 9－2　井深 410m 处电缆

（2）起至电泵机组，拆小扁电缆插头，测量电机对地绝缘 500MΩ、相间 0.8Ω 平衡。

（3）测量电缆整体绝缘 0Ω，单独测量三相电缆，其中一相无绝缘，另外两相有绝缘。

三、处理过程

起出下入井内的完井管柱，更换动力电缆，然后重新下入完井管柱。

四、原因分析

1. 直接原因

完井管柱下至过造斜点 208.7m 处后，管柱贴边，导致电缆在井口附近刮碰。

2. 间接原因

（1）天车、游车、转盘中心线与套管头及套管中心轴线偏离较大。

（2）Φ177.8mm 套管内径为 159.4mm，Φ89mmNU 油管完井管柱加电缆卡子及保护器后，综合最大外径为 149～151mm，与井壁间隙小，受井斜及管柱不居中的影响。Φ89mmNU 油管电缆保护器单联最大外径为 127mm(偏心)，双联保护器最大外径为 137mm(偏心)，橡胶保护器最大外径为 133mm。

五、经验教训

(1)根据方位角合理确定电缆固定方位，避免电缆在套管内磨损。

(2)下完井管柱前，以套管头为基准校正井口。

(3)遇到井斜较大的情况，在井口无法调整居中时，可去掉小方补心，改用插板。

(4)精细操作、控制下钻速度，加强井口观察，必要时可利用气动绞车辅助管柱居中。

10. JN－21 井电缆穿越磕碰事件

一、基本情况

人工井底：3337.6m。

最大井斜：56.85°。

造斜点深度：1190.05m。

套管数据如表 10－1 所示。

表 10－1　JN－21 井套管数据表

名称	规范	钢级	壁厚/mm	抗内压/MPa	内径/mm	深度/m	水泥返深/m	固井质量
表层套管	339.7	J55	9.65	18.83	320.4	505.3	42	合格
技术套管	273.1	N80	11.43	40.4	250.24	2655.54	300	合格
油层套管	177.8	P110	9.19	65.6	159.42	3365.03	754	合格

注：短套位置：(1)1910.22～1912.96m；(2)2686.92～2689.41m；(3)3019.15～3021.29m。

井口防喷器组示意图如图 10－1 所示。

JN－21 井是一口评价井，采用油管传输射孔，挂滤防砂，下电泵完井后，在拆井口防喷器过程中发生电缆井口穿越磕碰事件。

二、发生经过

2019 年 8 月 9 日，在拆防喷器组、整体吊装防喷器组时，防喷器组磕碰井口电缆穿越，导致电缆穿越损坏(图 10－2)。

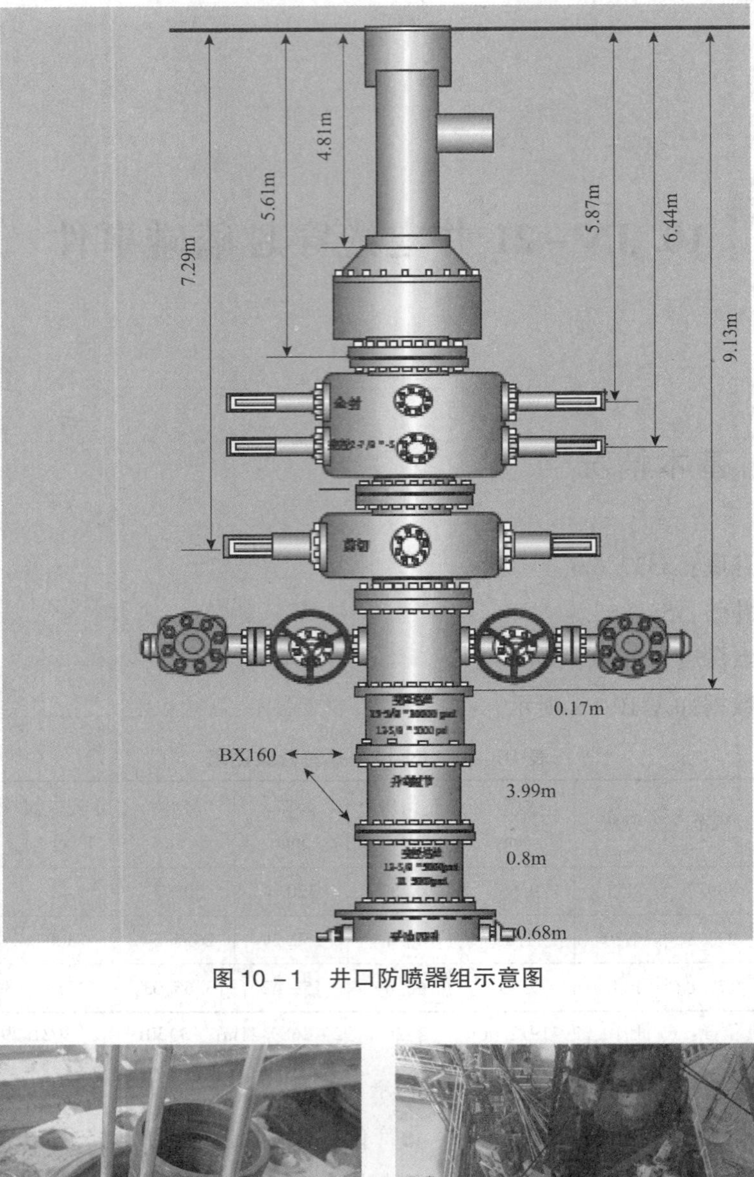

图 10－1　井口防喷器组示意图

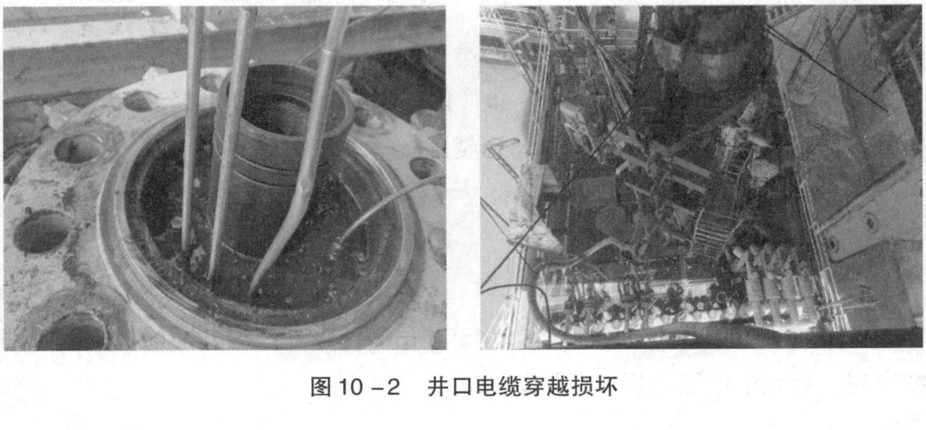

图 10－2　井口电缆穿越损坏

三、处理过程

更换井口穿越电缆，后续完井试抽正常交井。

四、原因分析

1. 直接原因

防喷器起吊操作不规范，导致防喷器组磕碰井口穿越。

防喷器组安装后，由于调整井口等作业，气动葫芦并不是完全在防喷器组正上方。在拆卸防喷器组、整体吊装时，由于钻台底部到小平台的高度约15m，高度较高，指挥气动葫芦操作，并不能完全保证防喷器组吊起时垂直上下。由于35 -70防喷器组整体质量约35t(带升高法兰)，无法控制防喷器起吊过程中的晃动，最终导致防喷器组磕碰井口穿越。

2. 间接原因

(1)井口作业人员未按照先拆防喷器组，再单独吊装升高法兰的作业程序进行操作。

(2)现场对施工风险及控制措施的交底不到位，导致现场作业人员未意识到防喷器磕碰井口电缆穿越的风险。

(3)现场管理人员监督管理不到位。拆装防喷器等重点作业环节，未到现场亲自旁站监督，导致未能及时发现现场施工中的错误做法，最终造成磕碰事件。

五、经验教训

(1)完井拆井口防喷器组时，要注意保护井口电缆穿越，采用防喷器组和升高法兰分体吊装的方式，或者使用长螺栓固定后整体吊装的方式(保证升高法兰提离高度超过井口穿越高度)。电泵完井后，井口拆装作业中规范防喷器组起吊操作，如有变径法兰、升高法兰连接的防喷器组，需将防喷器组、变径法兰、升高法兰单独拆卸吊装，避免整体吊装磕碰井口电缆、液控管线。

(2)作业前，项目负责人必须对项目存在的风险进行认真识别，并制定防控措施，且确保现场作业人员了解现场作业的风险及防控措施。

(3)项目负责人每天要认真召开班前班后会，将作业程序、风险及控制措施详细告知班组人员，并下达作业指令单。作业时，要求班组严格执行作业指令。

(4)关键作业工序和重点施工环节，现场管理人员必须在场监督，对施工过程进行把控确认，确保施工质量。

11. JN－3 井油管断裂落井事件

一、基本情况

人工井底：2922.5m。

最大井斜：39.58°。

井型：定向井。

井身结构：Φ177.8mm 油层套管。

施工油管：Φ73mmEU 油管。

设计井身/完井管柱结构示意图如图 11－1 所示。

该井进行投产作业期间，起替浆管柱时油管断裂落井。

二、发生经过

起替浆管柱期间，在准备起第 79 根油管时，井口操作人员在井口倒换吊卡，副司钻在司钻房替司钻操作刹把，井口操作人员一侧吊卡未挂到位时，副司钻突然起钻，导致单吊环，人员迅速闪开，未造成人员受伤；起离钻台约 0.5m，第 79 根油管在接箍下部约 0.26m 处突然折断，管柱掉入井内。现场检查发现，油管端口不规则，轻微变形。

三、处理过程

落井管柱长度为 2150.22m，质量为 20.4t；鱼顶位置为 772.85m，分析鱼顶情况，现场决定使用母锥造扣，打捞范围为 68～95cm，成功打捞。

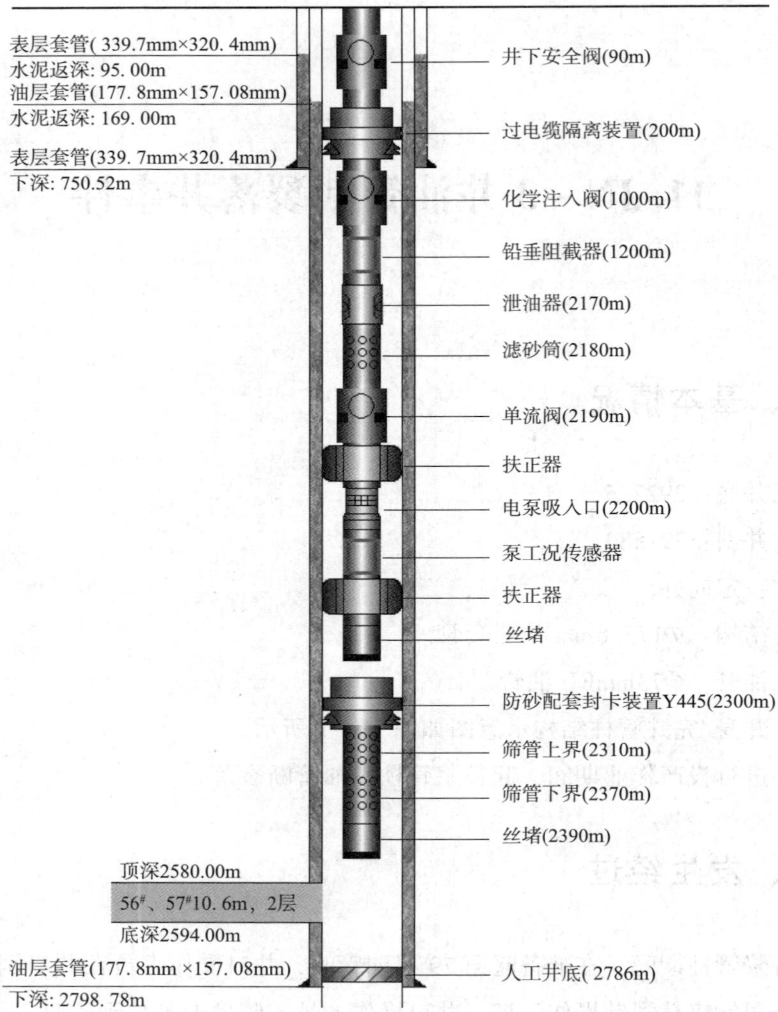

图 11 －1　JN －3 井设计井身/完井管柱结构示意图

四、原因分析

1. 直接原因

副司钻为新员工，岗位操作不熟练且独自操作，未仔细观察井口情况，在一侧吊卡未挂好时即开始起钻且速度过快，导致单吊环，油管断裂落井。

2. 间接原因

(1)副司钻操作技能不熟练，岗位风险识别不到位，没有意识到单吊环的作业风险，未严格遵守操作规程。

(2)现场安全管理存在漏洞，新到副司钻替岗司钻时，没有人员旁站监督指导。

(3)事件发生时间为夜班，操作人员容易疲惫，相互配合不默契。

(4)新到岗员工的培训不到位，员工技术不熟练。

五、经验教训

(1)作业期间，要求相关岗位人员熟悉岗位操作规程，严禁其他人员随意替岗。

(2)加强员工技能培训，员工应掌握岗位操作技术，新员工不允许单独上岗。

(3)加强现场精细化操作，在倒吊卡时，司钻操作一定要缓慢，确认情况后再进行起下钻，严禁单吊环，必要时采用牛头吊卡配合手提卡瓦起钻，加强井口操作人员与司钻之间的配合与沟通。

(4)夜班作业时要加强安全教育，提高员工安全意识，值班干部加强巡检、安全提示以及旁站监督工作。

(5)对于不规则的断口或鱼顶，建议采用母锥或捞筒等外捞工具进行打捞作业。

12. SC－8井施工管柱水眼堵塞事件

一、基本情况

人工井底：1535.43m。

最大井斜：32°。

造斜点深度：1100m。

井型：定向井。

井别：注水井。

油层套管：Φ177.8mm油层套管。

原井管柱示意图如图12－1所示。

原井管柱入井时间长达9年，起原井管柱时管柱断裂，遂对原井管柱进行打捞作业。

二、发生经过

(1)打捞作业，下管柱到位后发现循环不通，水眼被堵。

(2)探冲砂管柱探完砂面后，笔尖水眼被堵。

三、原因分析

1. 直接原因

(1)Φ73mm油管双滑块捞矛水眼小(10mm)，打捞使用的Φ73mm反扣钻杆内壁锈蚀严重，铁锈多，易堵塞水眼。

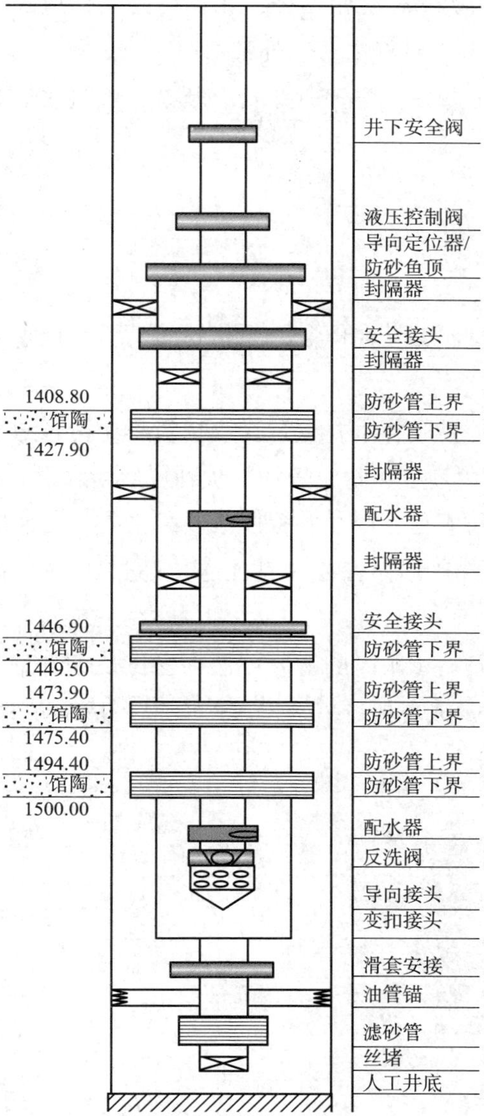

图 12－1　SC－8 井原井管柱示意图

(2)砂面位置预测不准确，管柱提前遇阻，下压吨位超过指令范围，导致水眼堵塞。

2. 间接原因

(1)该井长时间注水作业，油管腐蚀结垢严重，掉块、穿孔，井筒内水垢、铁锈多，易堵塞打捞工具水眼。

(2)打捞使用的Φ73mm 反扣钻杆，在料场露天存放长达 1 年之久，作业前未进行清洗、防腐检验，钻杆内壁、外壁锈蚀严重。

(3)注水井原井油管发生腐蚀、穿孔、断裂，经过多次打捞处理，井筒内砂面位置上移。

四、经验教训

(1)加强钻具管理，钻杆在作业前严格执行清洗、防腐及检验程序，清除钻杆内外铁锈。

(2)强化现场作业措施，水井下打捞管柱过程中分段进行循环打通，每次的循环量多于入井管柱内容积，防止管柱一次到位后堵水眼。

(3)严格执行操作规程，探冲砂管柱探砂面之前，在油层以上 30m 处打通一次，缓慢下放管柱，探砂面严格控制钻压不能超过 30kN，防止笔尖插入砂内堵塞水眼。

(4)出现打捞工具堵水眼时的解决办法：尝试反循环清洗水眼，顶通后至少清洗一个钻杆内容积；或者保持一定正压，快速上下活动管柱，从而对堵塞点进行处理。

02

第二部分

井控篇

13. SC－4井溢流险情

一、基本情况

人工井底：1566. 46m。

最大井斜：49. 50°。

造斜点深度：510m。

井型：定向井。

生产套管：Φ177. 8mm。

溢流时井内管柱示意图如图13－1所示。

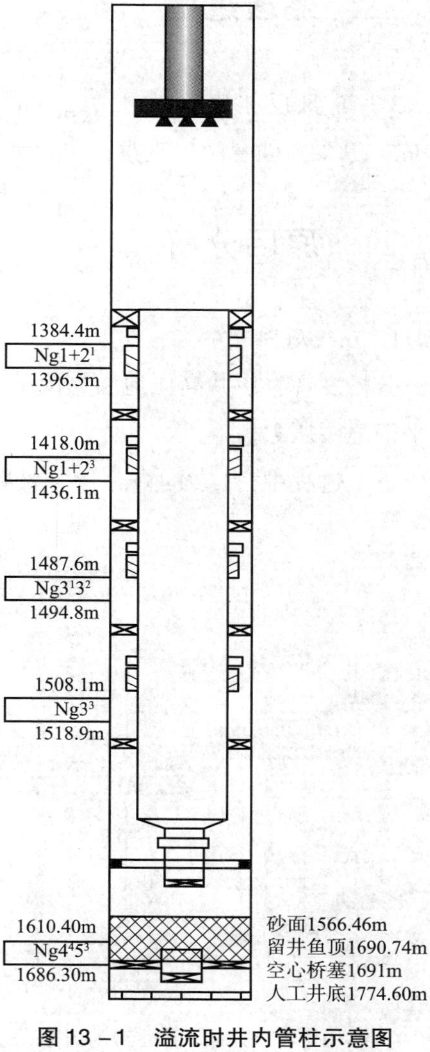

图13－1　溢流时井内管柱示意图

该井为水井，检修过程中，起丢手管柱时发生溢流，溢流量为0. 2m³，关井立压为0. 4MPa，套压为0. 4MPa，管柱尾深为650m，此后压井成功，解除井控险情。

二、发生经过

2019年2月17日，该井停注，压力扩散，对应注水井停注。

配置密度为1. 30g/cm³的压井液，内、外管各正挤20m³，停泵敞口观察发现无油气返出，然后开始正常施工作业。

解封、起原井管柱，测得漏失量为

1.6m³/h，后漏失量逐渐减小。3 月 1 日下刮削冲洗炮眼管柱时，漏失量为 0.8m³/h；3 月 3 日下挂滤防砂管柱时，无漏失。

3 月 4 日起丢手管柱至第 95 根 Φ89mmEU 油管时，发生溢流，按照“七七”动作关井，关井立压为 0.4MPa，关井套压为 0.4MPa，溢流量为 0.2m³。井内管柱结构自下而上为：工具串(总长 169m)，Φ89mmEU 油管 52 根。管柱底深为 650m。

三、处理过程

3 月 5 日反挤密度为 1.31g/cm³ 的压井液 40m³，排量为 500L/min，泵压 4MPa，停泵，油套敞口观察，出口无油气返出，压井成功。

四、原因分析

1. 直接原因

分析发现，该井高压地层与低压底层同存，井筒内压井液密度持续降低，无法平衡地层压力。

施工过程中，1.30g/cm³ 压井液持续漏入 $Ng1+2^{3+4}$ 层、$Ng3^3$ 层，注入水由 $Ng1+2^1$ 层、$Ng3^13^2$ 层持续吐出，井筒内流体混合导致密度逐渐降低，表现为漏失量逐渐减小，发生溢流。

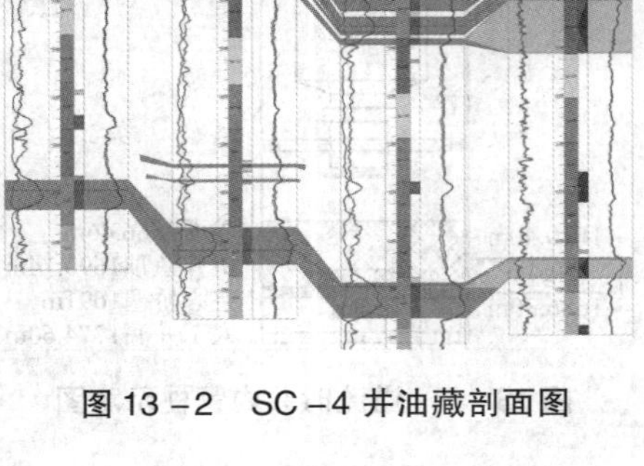

图 13-2　SC-4 井油藏剖面图

2. 间接原因

(1)地质设计不详尽，仅根据 4 个注水层段中的 2 个注水层段的邻井同层测压资料推断该井笼统压力系数，油藏剖面如图 13-2 所示，与实际施工偏差较大。

该井注水层为 $Ng1+2^1$ 层、$Ng1+2^{3+4}$层、$Ng3^13^2$ 层、$Ng3^3$ 层，其中 $Ng1+2^1$ 层、$Ng3^13^2$ 层无对应采油井，由地质

资料判断 $Ng1+2^{1}$ 层、$Ng3^{1}3^{2}$ 层地层压力系数高，$Ng1+2^{3+4}$ 层、$Ng3^{3}$ 层地层压力系数低，实际地层压力系数大于地质设计确定的压力系数。

(2)因地层压力不明确，现场采取的措施针对性不强。现场未对低压层进行暂堵，常规灌液方式不适用于该井。

五、经验教训

(1)地质、工艺、施工设计过程中应明确邻井连通情况，明确所有作业层位的压力系数，并提示高、低压同层存在的作业风险。

(2)在喷漏并存的情况下，应根据实际情况对漏层进行暂堵，现场连续灌液，保证井内液柱压力。

(3)现场应储备足量的压井液材料，严格坐岗观察制度，发现溢流应及时进行关井处理。

(4)加强现场井控应急演练，发生井控险情时，按照应急预案及时作关井处理，避免事故复杂化。

14. BS－885X 井溢流险情

一、基本情况

人工井底：2715. 99m。

井型：侧钻井。

生产套管：Φ177. 8mm。

井身结构如图 14－1 所示。

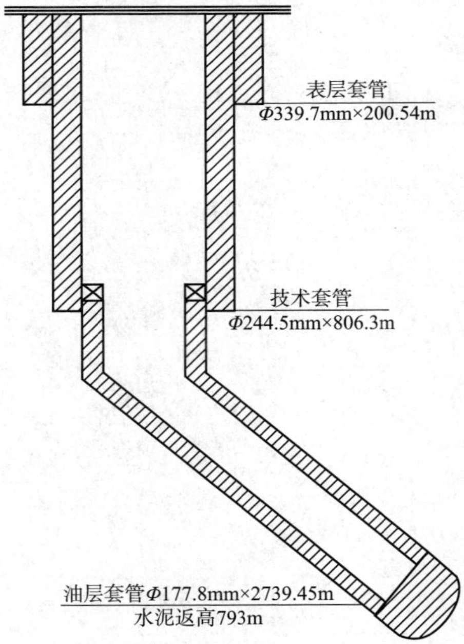

图 14－1　BS－885X 井井身结构示意图

井内管柱组合为 Φ73mm 油管＋Φ60mm 油管组合，底带为 Φ68mm 射孔枪。

该井地质综合解释为顶 1.7m 干层，邻井为 BS－40X1 井，生产日期为 2002 年 12 月，同层位日产油 18.92t、日产气 29530m^3、日产水 1.19m^3，压力系数为 1.03。

该井设计要求根据测压情况决定压井液，由于该井没有测压，实际是清水洗井后起射孔枪，因而导致发生溢流。

二、发生经过

2007 年 7 月 6～7 日，通井至人工井底 2715.99m，替出井内泥浆。对井筒及采油树试压(35MPa)合格，汽化水降液面至 1798m。8 日，油管输送射孔枪射开 28 号层，观察无油气显示。9 日，清水反洗井后，起射孔枪身，发射率为 100%。设计要求为该层不自喷则补射 26 号层，然后下泵合采。

7 月 9 日，油管输送射孔枪，射开 26 号层。20:39～21:30，畅放观察，无油气显示。7 月 13 日 8:00，关井油套压为 0，等下泵完井设计。清水反洗井，打入即出，带少量油沫，泵压为 8MPa，洗井深度为 2677.59m。12:00，油套畅观察无溢流。19:00，起射孔管柱，19:30，当起到 156 根时，发现灌注量减少，井口出现溢流(溢流量很少无法计量)，施工人员立即关井，并汇报。

三、处理过程

现场人员坐岗观察，密切关注井口压力，组织制定压井方案。关井观察至 7 月 14 日 8:00 时油压为 12.5MPa，套压为 10MPa，并且还有上升趋势。按照压井方案，现场备好密度为 1.50g/cm^3 的泥浆 50m^3、清水 12m^3 反循环脱气，泵压为 9～13MPa，深度为 1199.06m，用 1.50g/cm^3 的泥浆反循环压井，泵压为 8～12MPa，反挤 1.50g/cm^3 的泥浆 6.5m^3，泵压为 9MPa，停泵，油套压为 0，观察 2h 无溢流，压井成功。

四、原因分析

1. 直接原因

压井液密度低，井底压力不能平衡地层压力。

2. 间接原因

(1)地质设计存在缺陷。电测解释28号层为油层，试油日产水3.71m^3，试油结果为低产水层；电测解释26号层顶为1.7m干层，底为2.7m油水同层，试油结果为气层。

(2)试油方案不合理。26号层与28号层合试，采取简化试油的方式，在没有取到地层的产能、压力资料，且地下情况不清楚的情况下，实施下一步措施存在一定的盲目性。

(3)试油工艺设计与举升工艺设计工序衔接不严密，在试油工艺设计中，26号层射孔后，下一步措施是下泵合采(设计另出)；而举升工艺设计中，施工要求只提到“根据油藏静压情况，用优质压井液压井”，在该井静压资料等都没有的情况下，没有提出具体的技术参数。

五、经验教训

(1)确定合适的压井液密度，在地层产能、压力等资料不清楚的前提下，要优先参照原钻井泥浆密度来确定压井液密度。

(2)强化井控设计，制定井控措施，施工设计编写人员要掌握区域地质情况和邻井资料，在施工设计中细化操作步骤，制定具体的井控措施，确保井控安全。

(3)加大培训力度，提高岗位技能，加强岗位人员井控知识、技能培训，切实提高井喷事故风险的识别、处置能力。

15. DB－204 井溢流险情

一、基本情况

人工井底：6140m。

生产套管：Φ139.7mm。

井别：气井。

套管结构：Φ206.4mm 生产套管＋Φ139.7mm 尾管悬挂。

井身结构如图 15－1 所示。

替浆后起钻过程中，发生溢流险情。

二、发生经过

10 月 5 日，下替液管柱。

6 日 8:00，用密度 1.40g/cm^3 的有机盐溶液顶替密度 1.70g/cm^3 的泥浆。

7 日 00:30，起钻至井深 693m 处，甩 Φ73mm 非标钻杆 4 根发现溢流，立即抢接防喷立柱，按“四七”动作关井，溢流量为 0.5m^3。

7 日 1:05，关井观察，关井立压为 0MPa（钻具组合中有箭形止回阀），关井套压上升至 21.5MPa，到压井前套压一直为 21.5MPa。

三、处理过程

关井后立即汇报，安排专人观察套压，每两分钟记录一次，保持通信畅通。

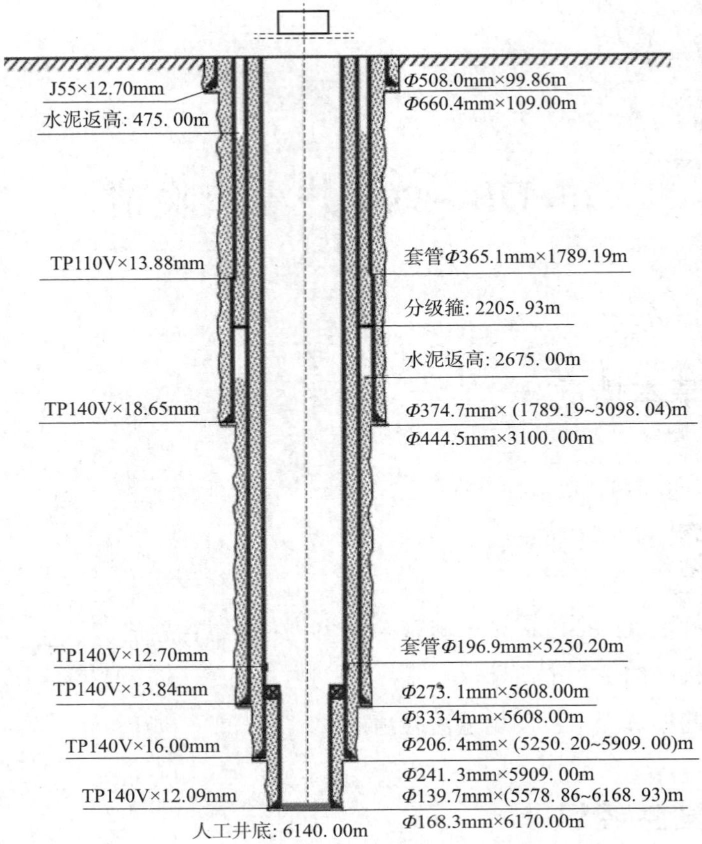

图 15－1　DB－204 井井身结构示意图

安排专人对井口、远控房、液控管线、闸板防喷器、四通等进行定时巡检，确保关井正常。用 4 根 Φ22mm 钢丝绳对角固定方钻杆，防止因压力过高将钻具顶出井内。

组织压井，从压井管汇连接好高压管线，试压合格。为保证不挤坏套管，防止钻具上顶，将泵压控制在 50MPa 以内，并采取间歇反循环挤泥浆的方式进行压井。

10 月 7 日 12:15～12:50，间歇反挤密度为 1.40g/cm^3 的有机盐 3.1m^3，泵压为 31～50MPa，排量为 9L/s；至 13:50，控制泵压不超过 50MPa，间歇反挤密度为 1.80g/cm^3 的泥浆 32m^3，泵压为 31～52MPa，排量为 5L/s；至 21:08，连续反挤密度为 1.80g/cm^3 的泥浆 99m^3，泵压由 46.7MPa 降至 27.2MPa，排量为

5.3L/s；21:35，停泵套压由 27.2MPa 降至 0MPa。

四、原因分析

1. 直接原因

地层压力系数为 1.65，有机盐密度为 1.4g/cm^3，替完有机盐后存在 15MPa 压差。在压差作用下，气柱沿着胶结不好的微间隙上窜，加上起钻抽汲作用，导致溢流。

2. 间接原因

作业人员思想麻痹，风险识别能力不足，误认为该井未射孔就是安全的，溢流防范意识不强，替液后观察时间短(仅约 1h)。

五、经验教训

(1)高压气井产层即使未打开，试油时也要提高井喷防范意识。尤其是对于尾管固井质量不太好、未回接的井，降密度替液时，应参照井控细则相关规定进行观察、短程起下钻测后效，方可起钻。

(2)提高施工设计的准确性、指导性和可操作性，做到风险评估全面，应急预案措施指导到位。

(3)超深高压气井试油风险大，特别是小套管固井时，对固井质量要求高。小井眼通过挤水泥补救固井质量的方式效果一般较差，建议采用短回接套管的方式。

(4)建议使用分辨率更高的固井评价技术代替目前的 CBL 测井方式，加大固井质量判断的准确性，如采用斯伦贝谢公司的套后成像固井评价技术(IBC)。

16. ZH4 - H1K 井井控险情

一、基本情况

人工井底：1971. 68m。

井型：水平井。

生产套管：Φ177. 8mm。

井身结构如图 16 - 1 所示。

井内管柱结构如图 16 - 2 所示。

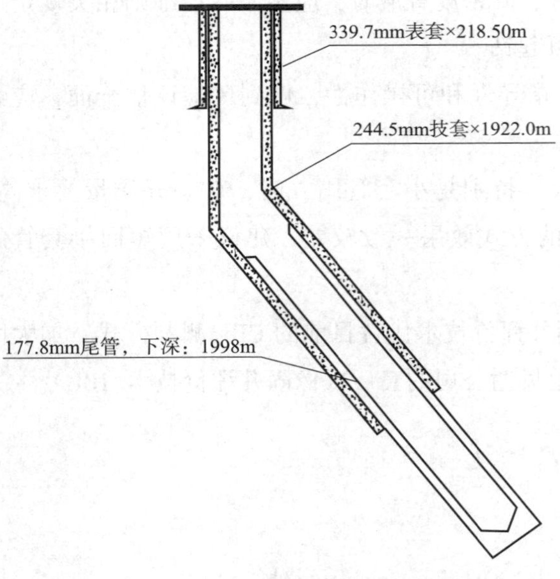

图 16 - 1　ZH4 - H1K 井井身结构示意图

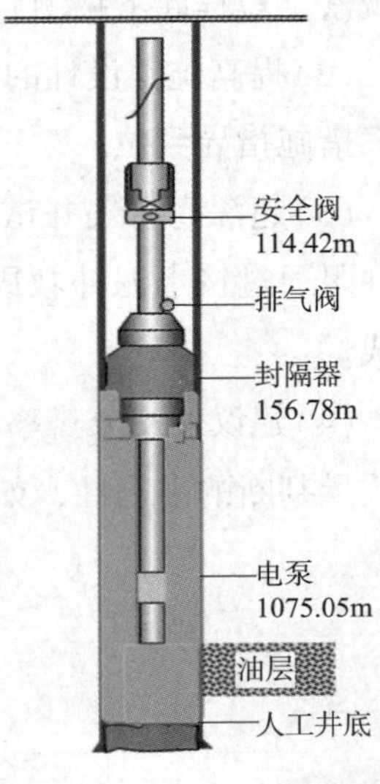

图 16 - 2　井内管柱结构示意图

该井的地质设计中提到"该井排气阀失效"。管柱结构复杂，过电缆封隔器深度 156.78m，管柱无反洗通道。

设计和实际使用的修井液均为清水，密度为 $1.0g/cm^3$，洗井不通，正挤后盲目解封，管柱断落落井，导致井控险情。

二、发生经过

该井于 2012 年 1 月 26 日由采油中控室打开井下安全阀及排气阀，投棒砸泄油器。

用清水反洗井，打入 $0.3m^3$ 后，压力升至 20MPa，停泵 30min，压力不降，洗井不通。

倒管线，清水灌满油管，正挤清水 $6m^3$，泵压为 4MPa，不上升，套管不出液。

现场向设计部门汇报井上情况，征求下一步措施意见，设计部门指示解封后进行观察。

油、套敞口观察 3h 后，无显示。

拆井口采油树，装防喷器，防喷器试压合格。

起油管挂，解封封隔器，上提油管 10cm 时，大钩负荷由 16t 突然降至 0，井内 14 根 Φ89mm 加厚油管快速顶出（图 16 – 3），过电缆封隔器被顶出（图 16 – 4），未见井内其余油管，现场人员迅速关防喷器全封闸板，关井成功。监测井口压力为 2.3MPa。

图 16 – 3　顶出井口的加厚油管

图 16 – 4　顶出井口的过电缆封隔器

三、处理过程

事故发生后，立即组织人员处理井口和顶出油管，并在防喷器上加装简易井口，确保井口安全，同时清理井场油污。组织实施现场压井作业。

四、原因分析

1. 直接原因

因封隔器上部安装的排气阀被堵死，打开排气阀失败，造成封隔器下部环空憋气。在洗井不通的情况下，导致解封后因井底压力过高而把油管及封隔器顶出井外。

2. 间接原因

(1)井内管柱结构设计本身有缺陷。封隔器下深太浅，在排气阀不能正常打开的情况下，井内无正常循环洗井通道，给封隔器解封留下了安全隐患。

(2)盲目上提管柱解封。在反洗井不通的情况下，现场人员没有落实清楚封隔器下部是否有压力，也没有采取任何有效措施，就进行解封作业。

(3)值班人员对井上生产情况不清楚。值班人员对井上的施工情况掌握不清，现场生产会上也没有人对该井洗井不通的情况进行汇报，给后续施工留下了隐患。

(4)施工设计有缺陷。虽然该井地质设计中提到了“该井排气阀失效”，但施工设计编写人员未将该情况在施工设计中进行提示，也没有提出有效解决措施；且在接到现场反洗井不通的汇报后，没有提出应采取的措施，就通知试油队上提管柱进行解封。

(5)施工单位对井控风险重视不够。现场进行技术交底时，没有对井下排气阀已失效的情况进行交底；且试油队针对洗井不通存在的井控风险重视不够。

(6)项目管理不到位。负责施工的项目组人员对该区域施工井不够重视，也没有安排人员对施工井关键工序进行盯防。

五、经验教训

(1)提升设计编写质量，注重技术交底，在进行施工设计前，要认真做好地质和工程资料的摸底工作，梳理井史资料，掌握区域地质情况，在设计中要写清井下存在的井控风险及应采取的相应措施，为施工现场提供可靠的施工依据。现场技术人员要依据设计内容做好技术交底工作，指导现场安全施工。

(2)做好重点区块、重点井、重点工序的盯防工作，对于重点区块、重点井，要安排技术骨干在现场盯防，盯住每一个关键环节、关键点，确保各项措施落实到位。

(3)严格落实打开油气层前的检查、申报、审批和备案制度，按照公司井控管理办法的要求，严格执行针对不同等级井控风险井打开油气层的各项要求。

(4)加强员工井控风险管理：一是深化井控风险教育，提高员工识别井控风险的意识；二是使员工养成在每项工作前进行井控风险辨识的习惯，提高井控风险辨识的能力；三是杜绝射开油气层的井在洗井不通或洗井不彻底的情况下动管柱的现象。

17. G10－17 井井喷事故

一、基本情况

人工井底：3166m。

生产套管：Φ177. 8mm。

井别：气井。

套管结构：Φ273. 05mm 表层套管 + Φ177. 8mm 油层套管。

因该井钻井揭开油气层后曾经发生井涌，遂采取“油管传输射孔与压裂钻具联作”替代“常规电缆射孔下压裂钻具压裂”的施工方案，射孔后调整管柱至压裂位置时发生井喷，后抢险成功。

二、发生经过

3 月 20 日 3:00～3:05，投棒射孔本溪组 3063～3065. 8m，射孔厚度为 2. 8m，现场确认射孔成功。起油管两根，调整至压裂钻具位置时，油管及环空内有液体返出，发生井涌；3:07～3:10，抢装井口，上扣中途液体喷势增大，油管挂仅上了两扣，大量气体从油管喷出，片刻后变为纯气，将井口冲斜。抢装井口失败，井口失控发生井喷。

三、处理过程

3 月 20 日 3:20，接到发生井喷的电话汇报后，应急小组于 4:40 到达井场了解详细情况，迅速将抢险人员、抢险物资和生活物资送到井场，组织消防车、水泥车、水罐车开赴井场值班待命。7:30，局、处级领导陆续赶到井场，制定了整改、坐井口控制方案。8:15～8:30，抢装井口一次成功，井喷得到控制。

四、原因分析

1. 直接原因

作业班组井控技能不足，井控意识淡薄，驻井干部和技术员在井涌增大的情况下，采取措施不力，未及时坐防喷井口。

2. 间接原因

(1)该井本溪组储层为新层，压力梯度不明确，井筒内压井液气侵速度较快。

(2)针对钻井过程中发生井涌的情况，虽及时改变射孔方案，但没有详细收集钻井井涌信息、气层压力状况信息，也没有提出有针对性的井控预防措施和应急方案。

(3)施工队伍井控意识不强，射孔作业井口未安装防喷装置。

(4)射孔与压裂联作工艺本身有缺陷，在射孔后没有进行足够的观察即进行压裂施工准备。

五、经验教训

(1)施工前应对施工过程中的井控风险进行充分识别，并根据具体情况编制井控设计方案，制定应急处置预案。

(2)施工队伍应加强井控管理制度的学习培训，严格按照规定进行井控设计交底，定期检查维保井控工具、装备，确保可靠。

(3)严格落实井控演习，打开油气层前应进行有针对性的防喷演习。

(4)射孔作业井口应安装防喷装置。

(5)应积极主动了解钻井、测井等信息，了解周围注水压力，掌握油气层情况，提前做好预防措施。对于气井、特殊井、重点井、新区井、新层井，在施工设计过程中要制定专门的井控措施。

(6)若无特别要求，射孔作业应避免在夜间进行。应采用油管传输负压射孔，射孔后观察4h以上，确定井筒稳定后再进行下一步施工。

18. Y9－4－A5井井喷事故

一、基本情况

井身结构：Φ311.2mm钻头×355m，表层套管为244.5mm×354.06m。

2013年4月19日7:15，在处置Y9－4－A5井井漏过程中，发生井喷事故。井喷时井内剩余钻井组合为：DM1925SHIF＋172mm×1°螺杆＋214mm螺旋扶正器＋158.8mm无磁钻铤1根。

4月19日20:05，关井成功，险情得到控制，井喷历时12h50min。事故未造成人员伤亡和设备损坏。

二、发生经过

该井螺杆复合钻进至井深1450m处时发生井漏，漏速为$3m^3/h$。19日1:20，继续钻进至1461m时井口失返，随即停钻，起钻换钻具，计划挤水泥堵漏。起钻前从环空灌入堵漏浆$18m^3$，井口未见液面。

7:15，起钻至井内剩余一柱钻铤，在上紧提升短节并准备下放游车挂吊卡时发生井喷，喷高很快接近二层台(图18－1)。井喷发生后，因喷势过猛导致抢挂吊卡未成功，由于喷势越来越大，将井口一片大方瓦喷出，井内钻铤上顶，安全卡瓦挂在游车盖板上(钻具未落井)。

三、处理过程

井喷发生后，司钻启动应急程序，因喷势过猛，抢接旋塞失败，副司钻和技

图 18 -1　井喷现场

术员到远程控制台关井。由于该井所安装的防喷器闸板为全封闸板和半封闸板，无法控制井口，因而导致关井失败，全体人员撤离钻台。

接到事故信息后，迅速启动应急预案，制定抢险方案。

按照抢险方案实施抢险，通过拖拽快绳起出钻具，关闭防喷器全封闸板，关闭液动平板阀，关井成功。

四、原因分析

1. 直接原因

在发生井漏和随后起钻的处置过程中所采取措施不当，致使环空液柱压力小于地层压力，地层流体进入井筒，发生井喷。

2. 间接原因

(1)溢流发现不及时；井喷发生后因喷势过猛，班组人员没能成功扣上吊卡，未能起出井口最后一柱钻铤，在该井安装双闸板防喷器(一个全封闸板，一个半封闸板)的情况下无法封控井口。

(2)作业人员重视程度不够，井控意识淡薄。

五、经验教训

(1)起钻时应及时灌满井筒。若漏失严重，应对漏层进行暂堵，或采取现场连续灌液的方式，保证井内液柱压力。

(2)加强坐岗观察。施工过程中，应安排专人严格坐岗，及时发现溢流，并采取有效措施关井，避免事故复杂化。

(3)强化现场井控应急演练。组织员工按要求定期进行井控演练，提升作业班组的应急反应能力。

(4)高度重视漏喷转换风险，严格落实井控责任制。

03

第三部分

工具篇

19. SC－3 井内外管注水窜层事件

一、基本情况

人工井底：1750.8m。

最大井斜：44.5°。

造斜点深度：600m。

套管数据如表 19－1 所示。

表 19－1　SC－3 井套管数据表

套管名称	钢级	规格/mm	壁厚/mm	下深/m	阻流环位置/m	短套管位置/m	水泥返高/m	固井质量评价
隔水管	J55	508.0	12.70	108.94			泥线	
表层套管	J55	339.7	9.65	398.80			井口	
油层套管	N80	177.8	9.19	1768.20	1756.26	1596.41 ~ 1598.39	380.0	合格

完井管柱图如图 19－1 所示。

2018 年，SC－3 井采用同心双管注水工艺完井，完井酸化作业后出现内外管注水窜层，造成工程返工事故。

二、发生经过

SC－3 井于 2018 年 3 月 13 日完井，试注至 3 月 27 日，内管注压 8.5MPa，外管注压 2.05MPa，分层效果良好；3 月 27 日，进行酸化解堵施工，酸化后注水

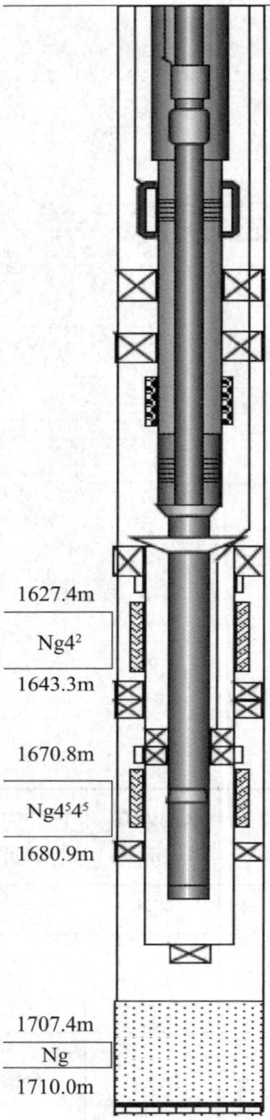

层深/m	工具名称	外径/mm	内径/mm	长尾/m	备注
108.51	$2^{3}/_{8}$inNU油管+短节	65.9	50.3	108.51	108.51
110.01	井下安全阀头	93	50.3	1.5	1.5
112.01	$2^{3}/_{8}$inNU油管短节	65.9	50.3	2	2
113.93	补偿器	85	50.3	1.92	1.92
115.93	$2^{3}/_{8}$inNU油管短节	65.9	50.3	2	2
116.33	密封插头	84	50.3	0.4	0.4
1612.87	$2^{3}/_{8}$inNU油管+短节	65.9	50.3	1495.54	1495.54
1613.15	密封插头	77	50.3	0.28	0.28
1693.20	砂面				
1750.80	人工井底				

图 19－1　SC－3 井完井管柱示意图

干压为 8.8MPa，内管油压为 0.4MPa，日注 45m³，日配 40m³；外管油压为 0MPa，日注 174m³，日配 170m³。3 月 29 日，内管注压缓慢上涨至 3.2MPa，基本与外管注压持平。

现场组织进行检查。检查封隔器压力为 12MPa，分层封隔器处于坐封状态。停止外管注水，内管单注，内管注水压力降至 2.6MPa，外管注水压力降至 1.6MPa 左右，不再下降。开始泄分层封隔器压力，外管连接管线至平台沉降罐。保持内管注水，外管持续返出注入水。分层封隔器重新打压至 15MPa，打开内管注水，外管返出液量同步增大。关闭内管注水，外管返出注入水液量明显变小。

判断注水内管下部密插失效，内外管相互串漏。

三、处理过程

起内管注水管柱，检查确认补偿器外观完好，中心管活动正常。起出环空安全阀内管 Φ84mm 密插管，密插上部一道胶圈磨损严重，其余存在轻微磨损(图19－2)。起出密封工作筒处 Φ77mm 密插串，Φ77mm 密插串上密封圈磨损严重，有明显变形，缺失一道密封圈(图19－3)。

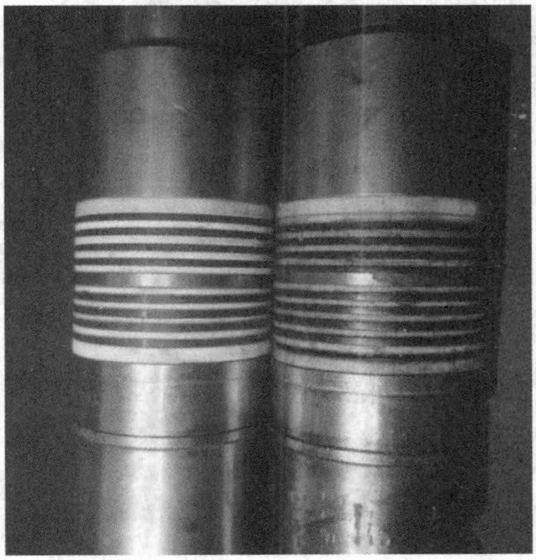

图19－2　环空安全阀内管密插胶圈磨损

图19－3　密封工作筒处密插串上密封圈磨损

中间遇水膨胀封隔器胶筒缺失(图19－4)。下密插上方密封胶圈磨损严重(图19－5)。

重新下入注水管柱内管，环空安全阀控制管线泄压，关闭环空安全阀。连接管线，环空注水通道正打压2MPa，稳压5min，压降为0，第一级密封插头到位，压缩式液控封隔器控制管线打压至12MPa，坐封液控封隔器。试注正常交井。

四、原因分析

1. 直接原因

注水内管下部 Φ77mm 密插串未完全进入密封筒，酸化时压力过高导致内管管柱上顶，下部密插串被全部顶出密封工作筒，密封失效。

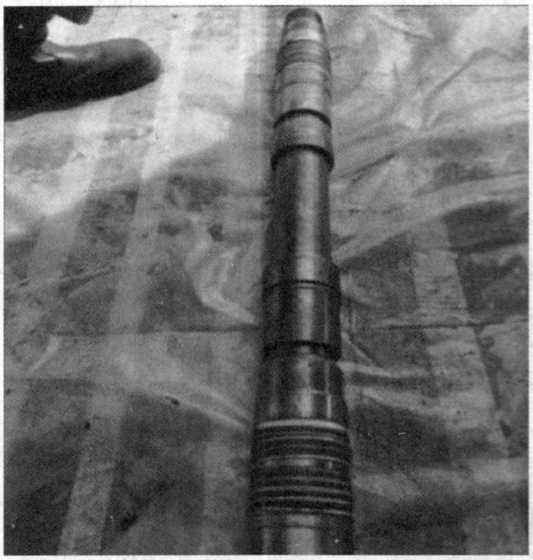

图 19－4　遇水膨胀封隔器胶筒缺失

图 19－5　下密插上方密封胶圈磨损

2. 间接原因

(1)技术人员技术能力不足，现场操作存在失误，内管探底时，仅仅探底加压 20kN，未旋转管柱转换方位多次探底，导致密插串未完全进入密封筒。

(2)未根据外管数据及时校核内管管柱数据，造成实际管柱配长过短。

(3)酸化施工泵注参数不合理，造成酸化压力过高。

五、经验教训

(1)结合井下工具情况，注水内管探底要保证足够的加压吨位并旋转管柱换方位尝试，确保下部密插串完全进入密封工作筒，根据探底数据进行管柱配长。

(2)现场技术人员要提高技术能力，管柱配长时，要多方面对管柱配长数据进行校核，确保管柱数据准确。

(3)此类同心双管注水管柱完井酸化，要控制酸化压力，酸化时保持另一层同步注水，平衡内外管压力，避免因压差过大导致管柱上顶损坏密封。

(4)下管柱前要检查好封隔器和密封插头，确保完好，下放时控制速度，平稳下放，防止密封件损坏失效。

20. SC－35 井螺杆泵转子脱扣事件

一、基本情况

人工井底：2704m。

最大井斜：22.3°。

造斜点深度：1590m。

套管数据如表 20－1 所示。

表 20－1　SC－35 井套管数据表

套管名称	规格/mm	钢级	壁厚/mm	下深/m	阻流环位置/m	短套管位置/m	水泥返高/m
隔水管	508.0	J55	12.7	75.57			海底
表层套管	339.7	J55	9.65	502.38			井口
油层套管	177.8	N80	9.19	2720.58	2710.15	2541.79～2539.68，2331.05～2328.96，1987.16～1984.87，1567.39～1565.05	740.0

完井管柱图如图 20－1 所示。

2014 年，SC－35 井检换螺杆泵，下空心杆柱过程中发生螺杆泵转子脱扣事件。

二、发生经过

SC－35 井检换螺杆泵的过程中，按照设计管柱结构下入完井管柱和空心泵杆。开井试抽，出口不返液，怀疑螺杆泵转子脱扣；上提光杆将转子提出泵筒，反洗井不通，确认转子与空心杆脱扣(图 20－2)。

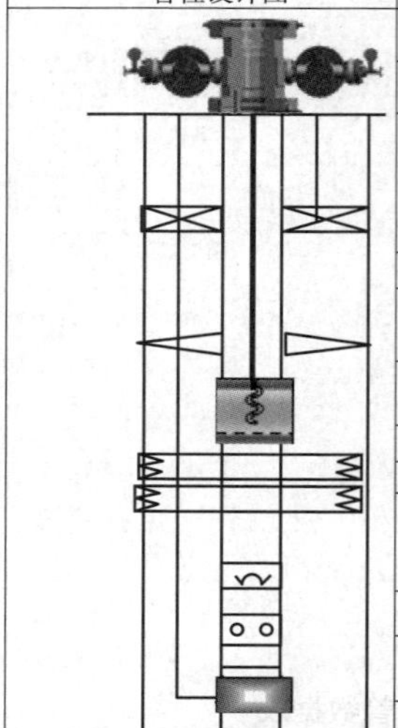

下深/m	工具名称	通径/mm	外径/mm
	采油树	80	
	悬挂器	80	175
120	螺杆泵封		
	油管		89
1290	扶正器		
1200	螺杆泵		
1200.7	正翻板锚		
1201.4	反翻板锚		
1211.2	打压球座		
1222.8	筛管		
1310.0	传压筒		
1319.8	丝堵		
2341.2	灰面		
2386.5	砂面		
2396.1	桥塞鱼顶		
2416.7	丝堵		
2689.79	桥塞		
2704.00	人工井底		

图 20－1　SC－35 井完井管柱示意图

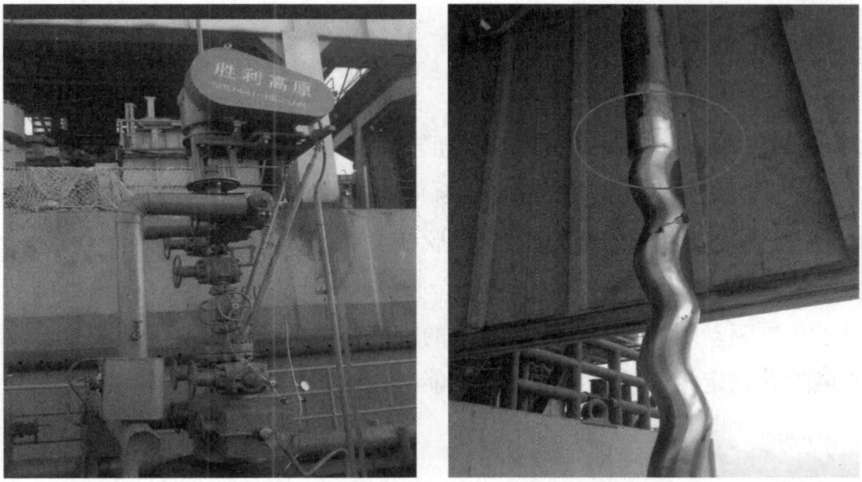

图 20 –2　转子与空心杆脱扣

三、处理过程

拆驱动头，上提管柱 4t，下放管柱加压 1t，正转管柱 6 圈，边转管柱边下放，累计正转管柱 30 圈，上提管柱悬重由 4t 增大至 5t，继续上提管柱，管柱反转，下放管柱，管柱正转，确认对扣成功，边转管柱边下放探泵底，上提防冲距，安装驱动头。开井试抽，出口返液正常。

四、原因分析

1. 直接原因

螺杆泵转子与空心杆上扣未达到标准上扣扭矩。

2. 间接原因

(1)现场人员螺杆泵施工作业经验不足，未意识到空心杆进入泵筒存在卸扣的风险，未按标准扭矩上扣。

(2)螺杆泵转子进入泵筒后下放速度过快，造成杆柱脱扣。下放时，转子入泵为正转，但杆柱由于惯性的原因，相对于转子为反转，因此，在速度过快的情况下容易造成脱扣。

五、经验教训

(1)严格执行操作规程，按照标准扭矩上扣，确保各连接处连接牢固。

(2)下空心杆柱时，在空心杆进入泵筒时应缓慢下放(可慢速转动下放)，防止下放速度过快、反扭矩过大造成杆柱脱扣。

(3)施工前，现场技术人员应提前对施工设计方案进行分析，查阅相关资料，对于井口驱动螺杆泵井等未作业过的井，作业前应请教经验丰富的人员，识别作业风险并制定相应的控制措施，不能盲目组织施工。

21. DC－6H 井刮削器遇阻事件

一、基本情况

人工井底：3688m。

最大井斜：90.63°。

造斜点深度：96m。

井型：水平井。

井身结构：Φ244.5mm 套管 ×3345.96m＋Φ215.9mm 裸眼 ×3368m。

井身结构示意图如图 21－1 所示。

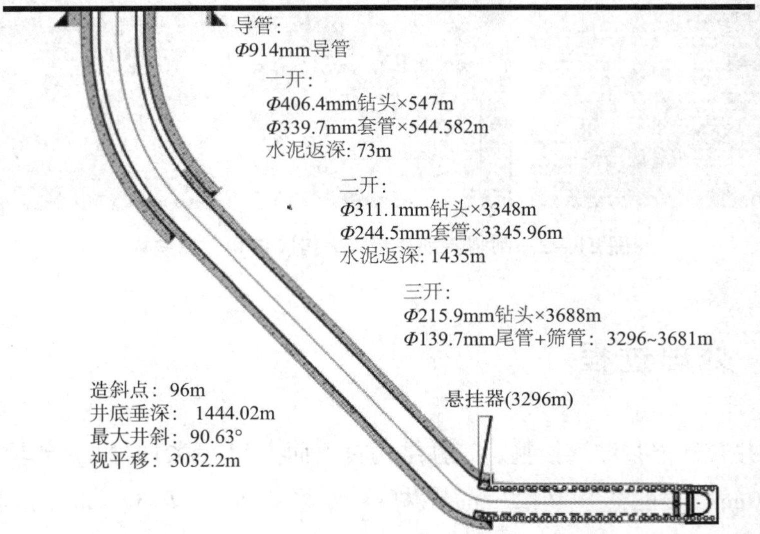

图 21－1 DC－6H 井井身结构示意图

刮削器数据：型号为 GX－T245，本体外径为 200mm，刀片伸出范围为 210～

235mm，刮削范围为216～231mm。

漂浮接箍数据：下深为2145.12m，井斜为72.9°，狗腿度为0.44°，长度为0.6m，内径为216.5mm。

本井三开后裸眼砾石充填防砂，刮削至漂浮接箍处遇阻。

二、发生经过

下GX－T245刮削器＋Φ127mm钻杆＋转换接头＋Φ139.7mm钻杆，下至2145.78m处遇阻30kN，连接顶驱，使用密度为1.07g/cm^{3}的无固相泥浆冲洗，排量为2000L/min，泵压为7MPa，加压50～100kN，反复活动未通过，起刮削管柱，检查确认刮削器本体完好，刮片上带出大量胶皮和少量铁片(图21－2)。

图21－2　刮削器刮片带出大量胶皮和少量铁片

三、处理过程

下通井管柱修整漂浮接箍。管柱结构自下而上为：Φ215.9mm牙轮钻头＋浮阀＋Φ210mm扶正器＋Φ127mm钻杆＋转换接头＋Φ139.7mm钻杆。下至2145.51m处遇阻，加压50kN后通过，在2142～2148m段反复划眼修整套管漂浮接箍内壁，排量为2000L/min，转速为80～100r/min，泵压为5.3～6.1MPa，扭矩为17～20kN·m。停顶驱，停泵，在2142～2148m段反复上提下放，操作正常。起出通井管柱，检查确认钻头外观完好。

然后进行刮削。管柱结构自下而上为：Φ215.9mm牙轮钻头＋浮阀＋GX－T245刮削器＋Φ210mm扶正器＋Φ127mm钻杆＋转换接头＋Φ139.7mm钻杆。刮削器在漂浮接箍2145.12m处上下活动，无遇阻和挂卡显示，继续下放管柱刮削套管。在3259.69～3317.32m处（防砂封隔器坐封井段）反复刮削5次，至无阻无挂；用密度为1.07g/cm^{3}的无固相泥浆140m^{3}正循环洗井，排量为1500～2000L/min，泵压为5～6.5MPa，洗井深度为3317.32m。

四、原因分析

1. 直接原因

漂浮接箍处有胶皮、铁片等脏东西，刮削器下至漂浮接箍处形成硬遇阻。

2. 间接原因

（1）钻井三开洗井不彻底，胶皮、铁片等脏东西未完全返出。

漂浮接箍内滑套、固井胶塞、浮箍浮鞋在三开过程中很多碎屑没有循环出地面，停泵后沉降到漂浮接箍上部井段，井斜大的套管段存在胶皮和铝块，在刮削器下行的过程中堆积在漂浮接箍变径的地方形成阻卡。

（2）完井设计中未识别到该风险，未能提出相对应的技术措施并做好预防。

五、经验教训

（1）根据返出物量，建议钻井期间增加洗井液量，分段顶替稠塞，清理井筒。

（2）建议更换漂浮接箍结构，内径与套管保持一致。

（3）在刮削套管之前，使用钻头在漂浮接箍处进行划眼和充分的循环洗井。

（4）刮削管柱在刮削器前带浮阀（去掉阀芯）和牙轮钻头，在下钻过程中使用钻头下推套管内未清理干净的碎屑。

（5）遇到套管结构有缩径的井，刮削器在缩径处易阻卡，在施工设计中进行提示，现场操作时应控制下放速度，注意悬重变化。

22. SC－1A 井防砂充填工具失效事件

一、基本情况

人工井底：1917.13m。

最大井斜：48.00°。

造斜点深度：129.00m。

套管数据如表 22－1 所示。

表 22－1　SC－1A 井套管数据表

套管名称	钢级	规格/mm	壁厚/mm	联入/m	下深/m	阻流环位置/m	短套管位置/m	人工井底/m	水泥返高/m
隔水管	D32	1000.0	34.00，38.00，36.00，32.00		94.80				打桩机打入
表层套管	J55	339.7	9.65	8.60	562.02				井口
油层套管	P110	177.8	9.19	8.00	1932.75	1920.01	1778.63～1781.75	1917.13	277.0

该井采用一步法挤压充填防砂施工，防砂施工中发生防砂管柱砂埋。防砂施工管柱结构如图 22－1 所示。

二、发生经过

(1)挤压充填防砂。打前置液 20m^3。15:12，开始加砂，最高砂比为 70%，累

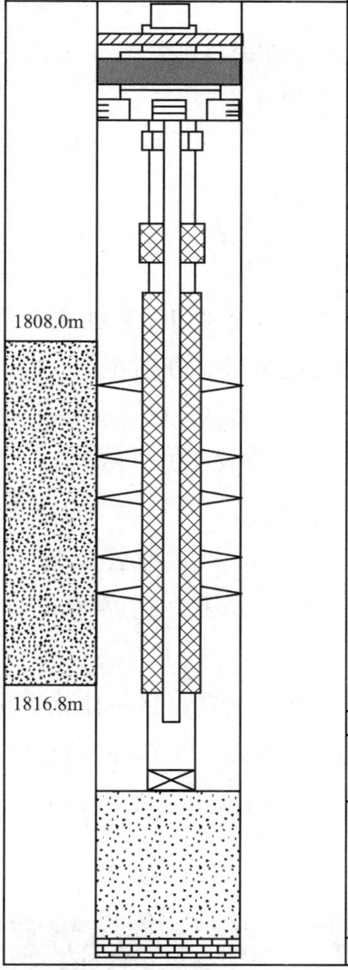

下深/m	工具名称	外径/mm	通径/mm
	油管	89	76
1771.54	留井鱼顶	150	68
1774.13	充填工具	150	68
1774.34	安全接头	114	76
1779.08	油管短节	89	76
1783.72	信号筛管	108	76
1802.72	油管	89	76
1802.93	安全接头	89	76
1821.91	滤砂管4根	108	76
1819.5	冲管	48	
1822.08	砂面/丝堵		
1917.13	人工井底		

图 22－1　SC－1A 井防砂施工管柱结构示意图

计加砂 25.3m^3，达到设计要求。15:44，顶替液 12m^3，达到设计要求，未出现超压。泵注排量保持为 3m^3/min。停泵，油、套压力均为 10MPa。15:50，按设计要求开套管阀门放压，诱导地层吐砂填埋筛管。16:12，油压降至 2MPa，套压降至 1MPa。

(2)高速水充填防砂。16:12，高速水充填防砂，施工排量为 0.8m^3/min，最高压力为 8.4MPa，充填过程中压力逐渐下降，最终在排量为 0.8m^3/min 时压力达到最高，为5.6MPa，累计加砂量3.2m^3（设计砂量为1.5m^3）。17:11，套管返出物有细砂杂质，开始大液量净水充填，累计62m^3，至返出无杂质。18:23，立即进行反洗流程，泵压迅速上升至5.5MPa。到正洗流程，排量为0.2m^3/min，泵压迅速上升至20MPa，停泵2min，压力降至0，反复多次。

三、处理过程

分别在悬重180kN、200kN、220kN、240kN、260kN条件下（管柱原悬重为180kN），正转管柱，随着扭矩值逐渐升高，正转管柱失效。分别在0～300kN、0～350kN、0～400kN、0～450kN、0～500kN、0～550kN、0～600kN、0～650kN、0～700kN、0～750kN之间反复活动，无法解卡，管柱无位移变化。

倒扣，上提管柱悬重至200kN，反转管柱15圈倒扣，悬重由200kN下降至130kN，继续上提悬重130kN后无变化，起出Φ89mmEU油管短节3根、Φ89mmEU油管126根（留井Φ89mmEU油管64根+丢手头+Φ48mm冲管11根）。

通过11次套铣、打捞等捞出留井管柱。在第一次下套铣打捞一体化管柱探得环空砂面深度为1628.97m，套铣返出地面的均为陶粒砂，折算环空总砂量为（1771.54－1628.97）/1000×13.61≈1.94m^3，检查发现捞出的充填工具喷砂口处双通道被刺穿（图22－2）。

图22－2　充填工具喷砂口处双通道刺穿

四、原因分析

1. 直接原因

在进行挤压充填防砂的过程中，大砂比及大排量长时间对充填工具的作用，致使双通道夹壁腔磨损、刺穿，在循环充填过程中，大量陶粒砂通过刺穿的夹壁腔直接上返至封隔器上，而施工排量仅为800L/min，无法将陶粒砂循环出井筒，循环充填结束后，陶粒砂迅速下沉，导致防砂卡钻。

2. 间接原因

当达到施工设计砂量时，未能充分分析井下情况，而盲目分工。在进行高速水充填防砂施工过程中，设计砂量为 $1.5m^3$，而实际累计加砂量已达到 $3.2m^3$，超出设计砂量的113%。

五、经验教训

(1)要充分了解井下工具性能，在无法确认性能参数时，可通过地面试验验证。

(2)设计编写人员要充分认识到“一步法”挤压充填防砂工艺的弊端，以及长时间高砂比对防砂工具的影响，从而制定风险防控措施。

(3)防砂施工过程中，密切关注施工压力变化及砂量使用情况，当达到施工设计砂量时，充分分析井下原因后，再进行下一步施工。

23. SCA－1 井试注内外管互窜事件

一、基本情况

人工井底：1535.68m。

注水管柱尾深：1535.4m。

最大井斜：32°。

造斜点深度：1100.00m。

套管数据如表 23－1 所示。

表 23－1　SCA－1 井套管数据表

套管名称	规格/mm	套管钢级	壁厚/mm	联入/m	下深/m	阻流环位置/m	短套管位置/m	人工井底/m	水泥返高/m
隔水管	762.0	D32	26.00 38.00	12.92	116.50				泥线
表层套管	339.7	J55	9.65	12.68	473.76				井口
油层套管	177.8	N80	9.19	12.20	1553.76	1542.01	1382.85～1385.15	1535.43	573.5

试注期间，调整注入流量时，发现管线泄压内外管互窜。

二、发生经过

按照设计下完双管注水管柱后，试注期间，发现存在内外管互窜情况，进行如下验证：

(1)将内管及外管压力放至0，内管注水，压力为6.5MPa，约5s后外管压力迅速上升至4.5MPa，取样口放空出水。

(2)将内管及外管压力放至0，外管注水，外管压力为8MPa，约10s后内管压力缓慢上升至4.2MPa，取样口放空出水。

(3)双管同时注水，外管压力为8.4MPa，内管压力为5.4MPa。

由上述各步骤判断内管与外管处于连通状态。

三、处理过程

起出注水管柱，检查发现注水内管及内管防腐器完好，外管底部13根Φ73mmNU油管发生弯曲变形(图23－1)，下部液控封隔器提升短接有轻微变形(图23－2)，目测工具外观良好。

图23－1　Φ73mmNU油管弯曲变形

图23－2　下部液控封隔器提升短接有轻微变形

更换完井工具，调整注水管柱下深至1524.67m处，试注合格。

四、原因分析

1. 直接原因

注水管柱触底，导致管柱受力变形，致使密封工作筒密插密封不严。

2. 间接原因

(1)施工设计不合理。人工井底深度为1535.68m，注水管柱设计尾深为1535.4m，管柱距离人工井底仅0.28m，注水管柱无油管锚锚定，在注水过程中管柱延伸与人工井底接触，导致底部 Φ73mmNU 油管弯曲变形。

(2)现场技术人员未能充分识别出该井完井管柱存在的作业风险，对施工的关键点把握不到位，对可能出现的风险分析不彻底。

五、经验教训

(1)施工设计编写人员应充分考虑现场施工情况，合理编写设计，提高现场可操作性。完井管柱与人工井底之间应留有一定的安全口袋。

(2)增强作业人员施工作业风险辨识能力，制定风险防范措施，作业前开展技术交底。

(3)技术人员应加强与设计部门之间的沟通，发现问题及时反馈，如有设计不合理的情况，应执行设计变更手续，再进行施工。

24. JN－139 井通径规落井事件

一、基本情况

人工井底：2786m。

最大井斜：61. 97°。

造斜点深度：204. 75m。

套管数据如表 24－1 所示。

表 24－1　JN－139 井套管数据表

名称	规范	钢级	壁厚/mm	抗内压/MPa	内径/mm	深度/m	水泥返深/m	固井质量
隔水管	925					113		
表层套管	339. 7	J55	9. 65	18. 8	320. 4	750. 52	0	
油层套管	177. 8	N80	10. 36	56. 3	157. 08	2798. 78	169	合格

注：短套管位置为 2547. 24～2544. 24m、2087. 58～2084. 58m。

JN－139 井是一口采油井，2020 年进行措施作业时，在下防砂管柱过程中发生了通径规落井事件。

二、发生经过

JN－139 井进行一趟管柱挤压＋高速水循环砾石充填防砂施工，使用原井 $2\frac{7}{8}$in 油管进行防砂施工作业。在下防砂管柱时，对原井油管进行逐一通径，下至第 59 柱时(25 日凌晨 4:00)，井口操作人员未按规定回收通径规(图 24－1)，直接进行上扣操作。在准备下第 60 柱时，井口操作人员找不到通径规，卸开第

59 柱后，仍未找到通径规，判断通径规已落入管柱内。

三、处理过程

起出井内的防砂管柱至防砂封隔器上部油管短节，发现通径规并取出。防砂厂家人员确认封隔器状态完好后，继续按照原设计施工。

图 24－1　通径规

四、原因分析

1. 直接原因

岗位人员未按照操作规程检查确认回收通径规，导致通径规落井。

2. 间接原因

(1)原井油管内壁结蜡，通径规通过结蜡点时遇阻，未从油管内滑出。

(2)通径规落井发生时为凌晨 4 点，人员处于疲惫期，注意力不集中。

(3)现场管理人员监督检查不到位，未及时发现井口操作人员的萎靡精神状态并提醒其调整。

五、经验教训

(1)组织班组人员学习井口操作的技术规范及要求，确保岗位人员掌握基础技能。

(2)使用施工油管时一定要加强对油管的检查，对于可能影响施工质量和安全的油管应杜绝入井。

(3)加强现场考核和奖惩力度，将收入与工作考核挂钩，从源头上杜绝班组人员在工作中的消极态度，提高班组人员的工作责任心。

(4)重点时段合理安排人员倒班休息，保障员工具有良好的精神状态。

(5)现场管理人员要加强监督巡检，及时发现现场的不安全因素和人的不安全状态，并及时纠正，确保安全施工。

25. HBZ－12 井刮削器刀片落井事件

一、基本情况

完钻斜深：4735m。

完钻斜深：3807.54m。

最大井斜：87.77°。

造斜点深度：1020m。

完井方式：采用 Φ244.5mm 悬挂 Φ139.7mm 套管固井完井，该井为水平井，近水平段长 400m。

井身结构数据如表 25－1 所示。

表 25－1　HBZ－12 井井身结构数据表

开数	井眼尺寸×井深	套管尺寸×下深	水泥返深
隔水管	打桩下入	20in×90m	入泥深度 35m
一开	17½in×277.5m	16in×276.92m	井口
二开	14¾in（扩眼至 15¾in 以上）×1502m	13⅜in×1500.3m	井口
三开	12¼in×3554m	9⅝in×3552m	返至 1143m
四开	8½in×4735m	尾管 5½in×（3324.16～4735m）	返至悬挂器

在进行 Φ244.5mm 套管刮削过程中，起钻后发现刮削器底部一刮刀片落井。两次打捞未捞获，第三次打捞时将落物顺利推至人工井底，未影响后续施工。

二、发生经过

在对 Φ244.5mm 套管进行刮削的过程中，在设计井段（3220～3250m）反复刮削三次至上提下放无阻无挂，在2800～2820m井段有阻挂显示，反复刮削多次直至上提下放无阻无挂，下钻过程中无其他异常现象，起钻后发现一刮刀片落井(图25－1)，拆检刮削器的其他5块刮刀片，刮刀片及弹簧均完好，各螺栓无松动迹象。

图25－1　刮削器刀片缺失

三、处理过程

(1)第一次打捞：

下强磁打捞器，在70.33m处遇阻，共捞获4条弹簧，底部带有铁屑。

(2)第二次打捞：

管柱结构自下而上为：特制开窗打捞筒(图25－2)＋变扣＋Φ73mm钻杆＋变扣＋Φ139.7mm钻杆。末根方入1.53m处遇阻，遇阻深度为3326.83m；打捞落鱼，加压10kN，反复上提并正转管柱，至管柱遇阻深度增加0.17m，加压至20kN，管柱通过遇阻位置，继续加深管柱，恢复至原悬重，管柱加深至3339.5m时，再次遇阻，加压20kN，上提管柱1m并正转管柱后再次下探，顺利通过遇阻位置。起打捞管柱，未捞获落鱼。

图25－2　自制开窗打捞筒

(3)第三次打捞：

根据上次打捞显示改进打捞工具(图25－3)，管柱结构自下而上为：开窗打捞筒(两组开窗)＋变扣＋Φ73mm钻杆＋变扣＋Φ139.7mm钻杆，无遇阻显示，顺利通过悬挂器及 3339.5m 位置，下深至 4702.9m 处（人工井底为 4704.93m），起出管柱未捞获落鱼。

图 25－3　自制打捞工具

四、原因分析

1. 直接原因

该井使用的 Φ244.5mm 套管刮削器老旧，工具缺乏维护保养，导致下钻过程中螺栓松动，牙块落井。

2. 间接原因

（1）作业人员未严格执行操作规程，大直径工具通过井口的过程中未采取有效防护措施。

（2）防喷器通径较大（该井防喷器组为 48－105、35－70 两种通径组合），内腔有台阶，且钻具不居中，在起刮削器通过防喷器过程中，由于刮削片磕碰防喷器内腔台阶，导致脱落后落井。

（3）该 GX－T245 套管刮削器存在一定的设计缺陷。

五、经验教训

(1)加强入井工具检查维护保养：刮削器在每次使用后拆解刀片等部位，涂抹黄油后包裹塑料布存放，每次使用前再将刮削器拆解检查，确认各部位无问题后方可使用。

(2)通过与 GX－T139 套管刮削器(图 25－4)对比后发现，GX－T245 套管刮削器(图 25－5)存在一定的设计缺陷。GX－T139 套管刮削器存在卡槽，紧固螺栓不是主要受力部件，而 GX－T245 套管刮削器的螺栓承担全部紧固刮刀片的支撑力，显然，GX－T245 套管刮削器的设计需进一步完善。在今后井下工具的采购过程中，应选择新型的安全可靠、使用寿命长的工具，存在设计缺陷的刮削器应报废处理。

图 25－4　GX－T245 套管刮削器刀片固定块

图 25－5　GX－T139 套管刮削器刀片固定块

(3)施工作业前，应充分了解现场设备设施情况，提前对可能存在的风险进行识别，制定有效的防范措施，并进行全员交底。

(4)严格执行操作规程，起下刮削器等大直径工具时，在过井口防喷器的过程中，应放慢速度，人工扶正，避免磕碰井口。

26. DC－12 井过电缆封隔器穿越孔缩径事件

一、基本情况

人工井底：3425m。

最大井斜：88.77°。

造斜点深度：100m。

井型：水平井。

井身结构：Φ244.5mm 套管 × 3217m ＋ Φ139.7mm 筛管 ×3420m。

该井下电泵管柱前发现过电缆封隔器穿越孔缩径。

设计完井管柱结构示意图如图 26－1 所示。

井身结构示意图如图 26－2 所示。

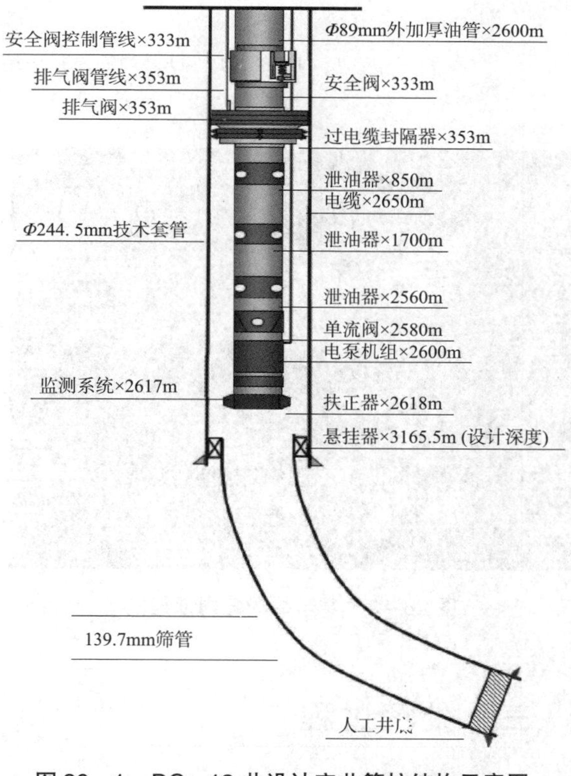

图 26－1　DC－12 井设计完井管柱结构示意图

二、发生经过

下完井管柱前，发现穿越棒通孔内部出现缩径(图 26－3)，穿越棒无法整体穿越(图 26－4)。

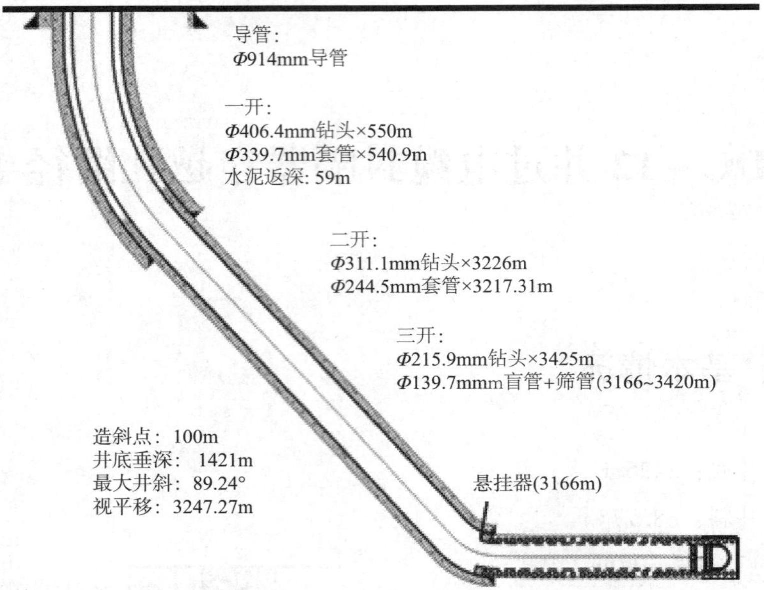

图 26－2　DC－12 井井身结构示意图

图 26－3　穿越棒通孔内部缩径

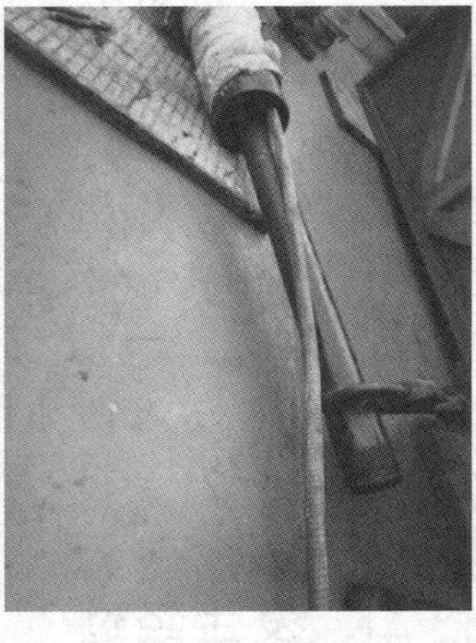

图 26－4　穿越棒无法整体穿越

三、处理过程

将穿越器下部铠皮剥落，再将铠皮重新包裹，经现场监督确认后入井。

四、原因分析

1. 直接原因

封隔器通径加工有瑕疵，且在车间未进行仔细检查，导致工具不匹配。

2. 间接原因

工具到达施工现场后，现场未及时组织开展检查确认。

五、经验教训

(1)出厂前要求服务商按照设计对施工物料检查确认。

(2)物料到达平台后，第一时间组织甲方监督、服务商和平台方对物料进行检查核对，在满足条件的情况下提前进行预连接、测试。

(3)物料验收发现问题后应及时反馈。能够更换物料时，应立即组织更换物料；不能更换物料时，应与甲方监督确认整改方案，确保完井质量。

(4)完井工具要求现场"一用一备"，确保如果发现工具出现问题，现场能够有备用工具。

27. DC－12A 井过电缆封隔器提前坐封事件

一、基本情况

人工井底：3425m。

最大井斜：88.77°。

造斜点深度：100m。

井型：水平井。

井身结构：Φ244.5mm 套管×3217m＋Φ139.7mm 筛管×3420m。

过电缆封隔器型号为 DEP－215，最大外径为 215mm，防喷器组及升高短节通径为 350mm，油补距为 13.76m。

该井在下电泵管柱的过程中，发生过电缆封隔器提前坐封。

设计完井管柱结构示意图如图 27－1 所示。

井身结构示意图如图 27－2 所示。

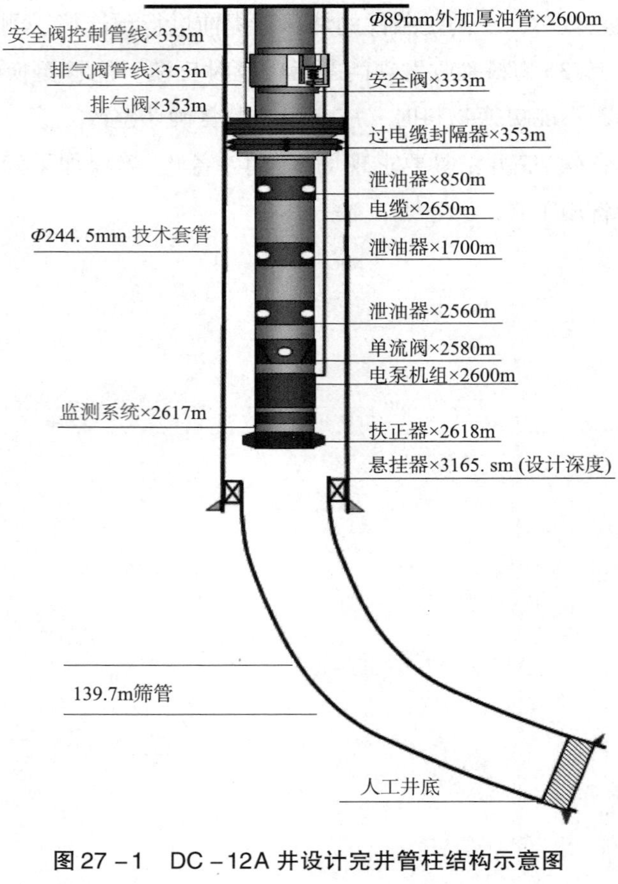

图 27－1　DC－12A 井设计完井管柱结构示意图

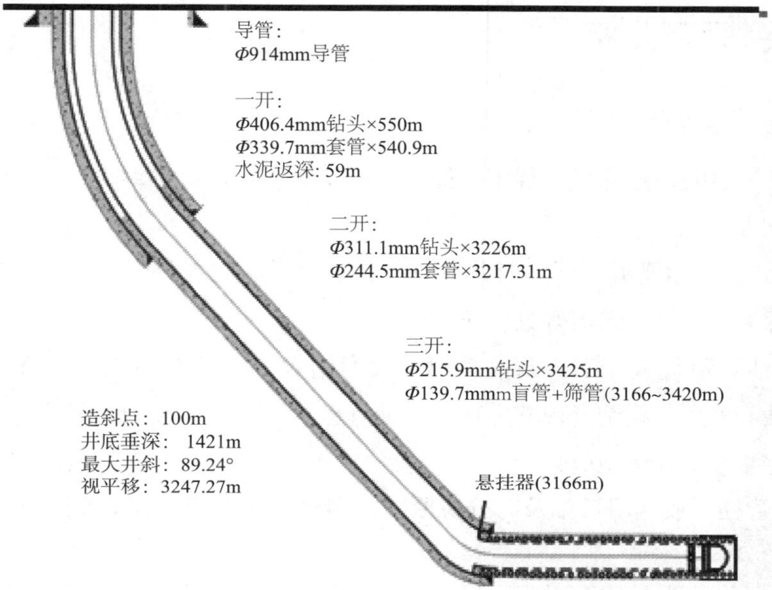

图 27－2　DC－12A 井井身结构示意图

二、发生经过

过电缆封隔器电缆穿越接完后，开始下入封隔器作业，现场将钻台补心取掉，并用气动绞车协助管柱和封隔器居中，缓慢下放，顺利下入第一根油管，在第二根油管方入约 3m 时，此时封隔器底部深度约 15.13m，出现遇阻现象，遇阻加压 3～4t，反复后尝试无法通过。起出发现封隔器卡瓦牙已弹出，套管导入器被卡瓦牙带出，检查卡瓦牙未发现刮痕，检查封隔器各台阶未发现磕碰痕迹，封隔器上部销钉(L8×8 个)已断，剪切压力为 11t，胶筒下移。现场测量封隔器各台阶距离，除上部密封胶皮下移外，其余距离并未发生改变；在套管导入器作用下，引导管柱顺利下入套管内，最小内径与套管通径一致。

三、处理过程

更换新的过电缆封隔器后，重新下入。

四、原因分析

1. 直接原因

过电缆封隔器过井口过程中，操作不当导致工具提前坐封。

2. 间接原因

(1)该井为水平井，作业时井口较偏，过电缆封隔器外径较大，磕碰防喷器组、套管头、套管导入器等处台阶。

(2)油补距较大，下入封隔器时，仅靠钻台气动绞车协助管柱和封隔器居中，效果不理想，在钻台观察发现上部油管已经居中，由于油管的柔性，实际下部工具处并未达到居中效果。

(3)管柱下放遇阻后未及时分析原因，多次加压尝试导致工具提前坐封。

五、经验教训

(1)下放过电缆封隔器前，可以通过套管四通或采油四通排空防喷器组内完井液，便于观察井内管柱情况。

(2)完井工具过防喷器组和套管头时，应控制速度缓慢下放，下放过程中保持工具居中，避免磕碰，注意悬重变化，发现遇阻立即停止，避免过压导致工具损坏。

(3)可以在钻台井口使用绞车、滑轮等工具辅助居中。

28. DC－9 井完井管柱试压失败事件

一、基本情况

人工井底：3406m。

最大井斜：91.98°。

造斜点深度：120.69m。

井型：水平井。

井身结构：Φ244.5mm 套管 ×2501m＋Φ139.7mm 筛管 ×3401m。

完井管柱结构示意图如图 28－1 所示。

井身结构示意图如图 28－2 所示。

该井充填防砂后下电泵完井管柱，设计要求在单流阀泄油器下入井内后、封隔器入井前对完井管柱进行节点试压。

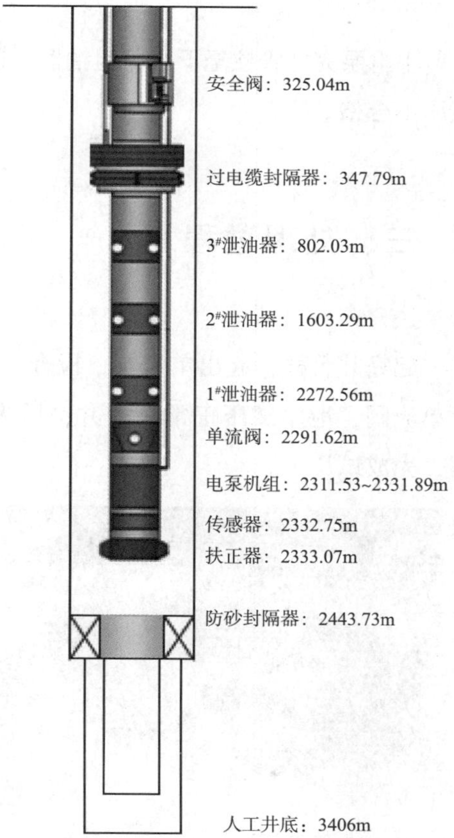

图 28－1　DC－9 井完井管柱结构示意图

二、发生经过

下完井管柱前，井口串联单流阀、1#泄油器、2#泄油器、3#泄油器，试压 8MPa 合格。

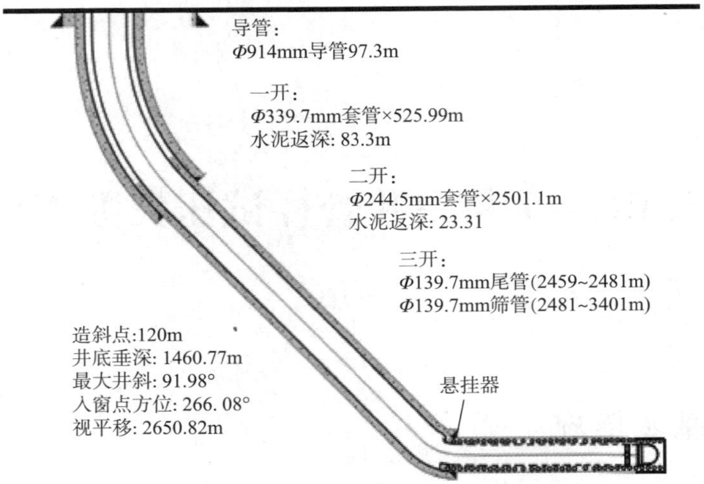

图 28－2　DC－9 井井身结构示意图

下电泵完井管柱至下入 2#泄油器，连接管线对完井管柱试压，压降 1MPa/min，试压不合格。

三、处理过程

起完井管柱，起出单流阀，检查发现单流阀内有少量陶粒砂(图 28－3)，更换单流阀，地面试压正常后入井；后多次采取憋压、快速泄压等方式使阀体入座，完成试压。

图 28－3　单流阀内有少量陶粒砂

四、原因分析

1. 直接原因

超轻质陶粒砂进入单流阀，导致单流阀不能正常工作。

2. 间接原因

充填防砂后反洗井不彻底，井筒内存在残留的超轻质陶粒砂（悬浮在压井液中，或滞留在防喷器闸板腔内）。

五、经验教训

（1）防砂施工反洗井时，应反洗至出口液干净，确保井筒内干净无陶粒砂。

（2）下完井管柱前，应确认循环系统、灌液系统内无陶粒砂。

（3）单流阀、泄油器入井前，应做地面试压，试压合格后方能入井。

（4）单流阀入井后，如出现试压时不稳压的情况，可采取憋高压、快速泄压、上下活动管柱等方法造成油管内液柱激动，使阀体入座，具备条件时可进行反洗井。

29. SC－6 井井下安全阀憋压事件

一、基本情况

人工井底：1847.61m。

最大井斜：46.54°。

造斜点深度：347.34m。

套管数据如表 29－1 所示。

表 29－1　SC－6 井套管数据表

套管名称	规格/mm	套管钢级	壁厚/mm	联入/m	下深/m	阻流环位置/m	短套管位置/m	人工井底/m	水泥返高/m
隔水管	1000.0	D32	28.00		82.40				打桩机打入
表层套管	339.7	J55	10.92	7.03	737.14				井口
油层套管	177.8	N80	9.19	6.63	1872.77	1848.73	1479.94～1482.47 1755.20～1757.67	1847.61	471

原井管柱结构示意图如图 29－1 所示。

在起甩原井管柱过程中，当起至井下安全阀时，因油管内憋压，在拆卸安全阀的过程中压力突然释放，险些造成人员伤亡事故。

二、发生经过

在起甩原井管柱的过程中，井下安全阀起至井口，井口操作人员在未确认管柱内释放存在压力的情况下，直接使用液压钳卸扣，管柱内憋压瞬间压力释放，由于憋压压力不高，未造成井口操作人员受伤。

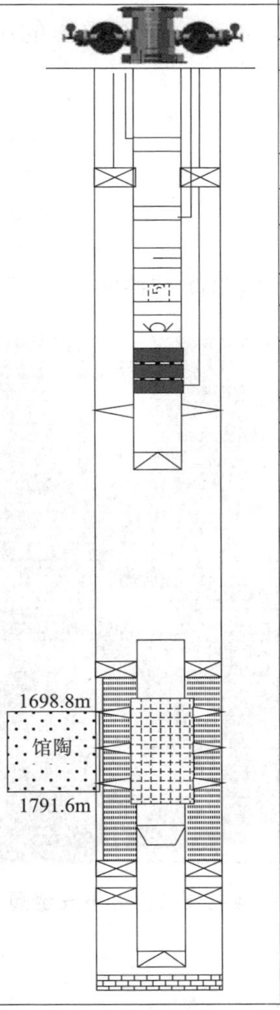

管柱设计图	下深/m	工具名称	通径/mm	外径/mm
		采油树	65	
		悬挂器	65	175
	111.34	井下安全阀	58.7	120
	123.08	过电缆封隔器	62	150
	201.05	液控滑套	55	125
	1477.09	泄油器		94
	1496.61	防砂清洁器		114
	1506.16	单流阀		94
	1538.04	电泵机组		116
	1548.08	电泵扶正器	62	152
	1569.44	喇叭口	89	
	1671.15	留井鱼顶		
	1672.81	充填工具	68	150
	1692.82	复合砂管上界	76	108
	1792.31	复合防砂管下界	76	108
	1792.77	桥塞鱼顶		
	1793	Y445-150	62	150
	1794.24	Y211-150	62	150
	1824.9	喇叭口		
	1847.61	人工井底		

图 29 –1　SC –6 井原井管柱结构示意图

三、原因分析

1. 直接原因

起原井管柱前洗井深度为 1477m，油层深度为 1698.8 ~ 1791.6m，洗井深度不够，下部气体滑脱进入油管，导致井下安全阀下部带压，拆卸井下安全阀前未卸油管内压力。

2. 间接原因

施工设计编写人员、现场作业人员、作业监督等未识别安全阀憋压的风险，导致现场没有采取安全有效的防范措施。

四、处理措施

深刻认识井下安全阀可能带压的风险，制定有效的风险防范措施：井下安全阀起至井口，连接旋塞阀，通过高压软管、节流阀连接至沉降罐，连接井下安全阀液控管线，再通过手压泵打压打开井下安全阀阀瓣(图 29－2)，操作节流阀将油管内压力充分泄掉。可通过多次打压、放压的方式，确认井下安全阀已全部打开，压力已全部释放，再进行下一步施工。若冬季施工，应注意液控管线内的液压油可能出现冻堵或安全阀阀瓣冻结，致使油管内压力无法释放的情况。

图 29－2　现场打压打开井下安全阀

五、经验教训

(1)加强工作前安全分析，充分识别工作任务存在的风险，并制定详细的控制措施。

(2)技术人员应加强风险识别能力，在安全交底会中安排到位，现场施工人员也要多思考，识别出未能识别的风险，并及时汇报所应采取的措施。

(3)对于重点工序，监督应现场旁站，及时制止施工过程中发现的不安全行为。

(4)加强经验积累，注重施工总结，避免类似风险的出现。

04

第四部分

分享篇

30. JN1 –29x97 井大修打捞作业案例

一、基本情况

人工井底：2576m。

最大井斜：34.86°。

造斜点深度：904m。

套管数据如表 30 –1 所示。

表 30 –1　JN1 –29x97 井套管数据表

套管名称	规格/mm	套管钢级	壁厚/mm	内径/mm	下深/m	水泥返高/m	固井质量
隔水管	850		38	774	45		
表层套管	339.7	J55	10.92	317.86	658.54	泥面	合格
油层套管	177.8	P110	9.19	159.42	2591.37	1025	合格

邻井钻进期间，在 1160m 处与该井发生碰撞，导致该井生产管柱被切断后落井(图 30 –1)。随后，对该井进行了临时封堵作业(图 30 –2)。

二、施工难点

(1)套管破损严重，存在井眼丢失风险。该处井段为造斜段，井径极大且不规则，钻井平台大修过程中出现过多次下钻从开窗处进入地层的情况，修套过程中存在井眼丢失风险。水泥浆封堵套损井段后，钻塞存在开窗风险。

(2)井下管柱有卡点，增加了打捞的不确定性。根据钻井大修资料显示，井内管柱在中间位置存在卡点，卡点位置及遇卡原因不详，给大修打捞施工带来了

图 30－1　1160m 处原井生产管柱切断

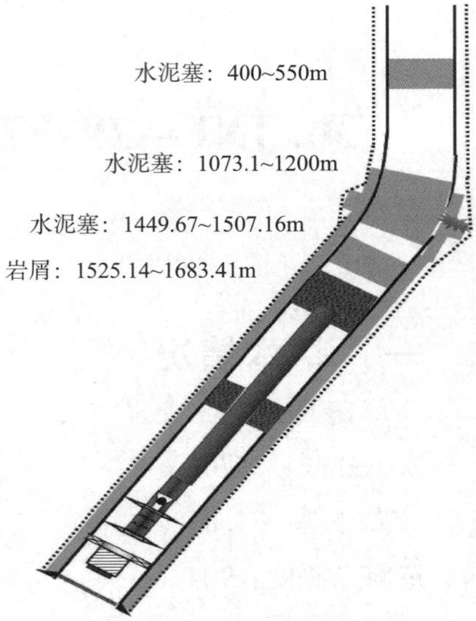

图 30－2　临时封堵井身结构示意图

极大的不确定性。

(3)原井管柱附件多，鱼顶错综复杂。电泵生产管柱，井内电缆、电缆保护器等附件较多落井，造成鱼顶错综复杂，且极有可能多点遇卡、卡死，打捞难度极大。

三、处理过程

1. 套损井段的封堵

触变水泥浆具有防漏失、防分散的效果，能够有效封堵近井地带的破损井段，该井使用该体系，共挤入水泥浆 $10m^3$。

微膨胀超细水泥浆体系二次挤封套管外缝隙，保障了井筒整体承压效果。钻塞后，井筒试压 10MPa(接近地破压力)，无压降，封堵合格。

2. 套损井段封堵打通道

保径钻塞技术(图 30－3)：使用刚性强扶钻具与小钻铤组合，先领眼后扩眼，有效避免了钻头或磨鞋对套管的二次损伤。

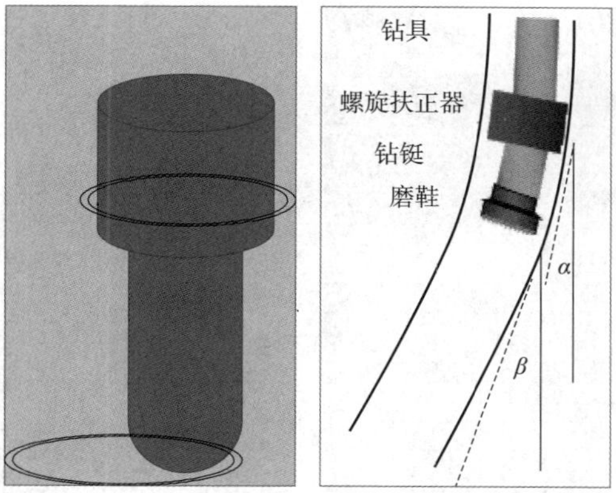

图 30 −3　保径钻塞示意图

(1)优化钻具组合，使用大直径、长尺寸螺旋扶正器，确保保径效果。

(2)底部连接小直径钻铤，经模拟计算，钻铤长度小于 12m，磨鞋不会与套管刮擦。

(3)磨鞋领眼后，用铣锥扩眼，避免了修套开窗或对套管的二次损伤。

保径钻塞施工过程中，钻进平稳、无憋跳，顺利通过套损井段，返出液中未见铁屑。在后续大修施工期间，大直径工具顺利通过套损修复井段，无异常显示。

3. 原井带电缆管柱打捞

(1)泥浆板结沉积造成的管柱遇卡，直接对管柱进行倒扣打捞，分级倒扣捞出井内原井管串(图 30 −4)。

(2)电缆、保护器等管串附件，使用外钩打捞清理鱼顶，能够快速捞出井内电缆。

四、经验总结

(1)针对泥浆板结沉积造成的管柱遇卡或砂卡不严重的生产井，一般为多点遇卡，不建议采取切割积木打捞的方式，可直接对管柱进行倒扣打捞。

(2)环空有电缆，不建议进行套铣作业，一旦电缆被套铣成团状，进尺会极其缓慢，严重影响作业时效。

(3)根据井内工具尺寸，选用合适的打捞工具，工具入井前应考虑极限偏心状态下的打捞。

图 30－4　分级倒扣捞出井内原井管串

(4)外钩在清理带电缆的鱼顶过程中有较好的效果，外钩的本体可加长，呈锥状。

(5)及时分析井下情况，制定相应措施。

31. JN103 - 23 井取换套作业案例

一、基本情况

人工井底：2857.58m。

最大井斜：24.31°。

造斜点深度：2116.1m。

套管数据如表 31 - 1 所示。

表 31 - 1　JN103 - 23 井套管数据表

名称	规范	钢级	壁厚/mm	抗内压 MPa	内径/mm	深度/m	水泥返深/m	固井质量
表层套管	273.1	N80	11.43	40.4	250.24	700.59	104	合格
油层套管	177.8	N80	10.36	56.2	157.08	2873	75	优质

注：短套管位置为 2576.57 ~ 2579.57m。

该井于 2020 年 6 月 30 日 ~ 7 月 14 日进行新井投产作业，工序包括装升高法兰、采油四通，装防喷器组，替浆，通井，刮削，射孔，挂滤防砂，下举升管柱。

2021 年 6 月，根据甲方设计要求对该井进行补孔措施作业，在起原井管柱的过程中，井下安全阀上提在井深约 15m 处遇卡，过提 10t 起出井下安全阀，检查发现井下安全阀本体无变形，双侧通体存在明显对称划痕，且一侧划痕较深(图 31 - 1)。

图 31 - 1　井下安全阀本体双侧明显对称划痕

继续起原井管柱，起至过电缆封

隔器(Φ150mm)顶深约15.05m时再次遇卡，现场反复尝试上提管柱，无法通过，故采取如下措施：

(1)上提下放活动管柱，下放正常，过提5～10t无法通过。

(2)开泵上提下放活动管柱，过提5～10t，排量为430L/min，泵压为3～15MPa，下放正常，上提无法通过。

(3)剪断毛细管、电缆，自由状态下正转管柱，每正转45°上提管柱，过提5～10t，期间开泵，排量为430L/min，泵压为3～15MPa，下放正常，上提无法通过。

(4)上提管柱，过提0.5～1t，正转管柱10圈，扭矩为0.98～1.77kN·m，悬重不降，未解卡。

6月13日7:00，回接Φ73mm加厚油管、Φ73mm钻杆，将原井管柱落于原井防砂鱼顶上(2199.37m)。

10:00～15:00，敞口观察5h，测得漏失量为1.3m^3/h。

15:00，灌满井口，管柱丢手，丢手鱼顶位置为23.37m处。

15:30～19:00，拆采油四通与防喷器组升高短节连接螺栓，整体上提防喷器组，发现7in油层套管有明显套变(图31－2)，井口敞开期间持续灌液，保持液面在井口处。

二、技术思路

(1)下放原生产管柱至防砂封隔器，丢手。

(2)下通井管柱，下TXK341－122封隔器封堵油层。

(3)拆防喷器组、采油四通及采油四通下部增高法兰，测量Φ177.8mm套管变形长度，切割变形套管，如变形套管切割后剩余套管高度能够满足去掉增高法兰将采油四通安装在套管头上的高度要求，且不影响后续井口采油树及BT密封的安装，则切割打磨Φ177.8mm套管并安装采油四通(不安装增高法兰)，投产时安装采油树并焊接相应井口采油设施。如不满足上述条件，则下水力内割刀切割套管，起出割断套管；下LM－S178双滑块捞矛，倒扣打捞、起出切割后的套管，回接生产套管，安装增高法兰、采油四通。

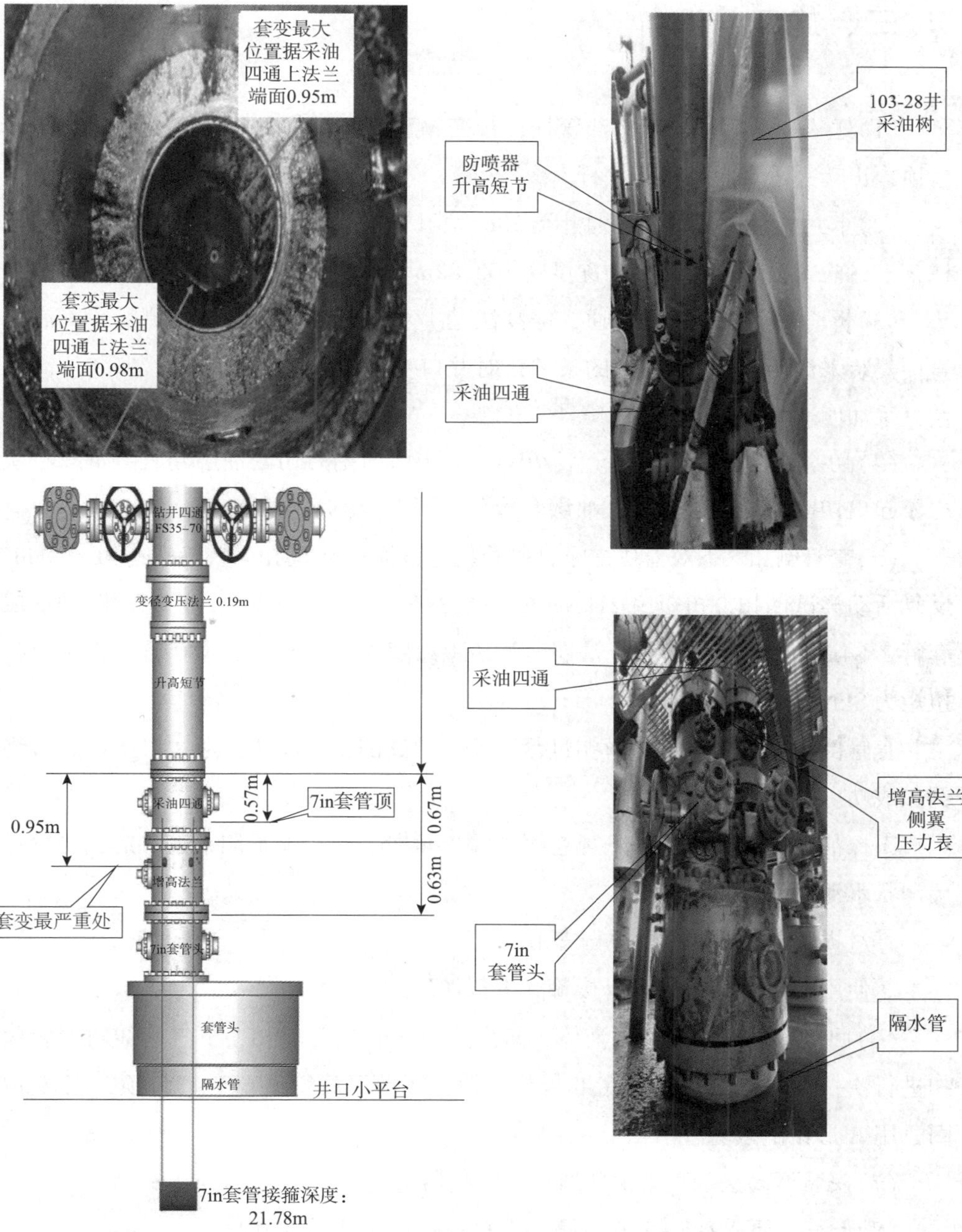

图 31 -2　7in 油层套管套变及井口示意图

三、施工简况

(1)送入原井管柱。起出油管挂，接变扣和正扣钻杆，将原井管柱放至防砂鱼顶，正转丢手，起出正扣钻杆。

(2)卡封。下通井管柱，通井至30m无阻挂；下TXK341－122封隔器卡封管柱，坐封验封丢手，留井鱼顶深度为502.82m。

(3)拆防喷器组、采油四通，增高法兰。对井口变形套管进行测量，不满足直接安装采油四通做BT密封的条件，对井口变形段套管进行切割，安装增高法兰、采油四通、防喷器组。

(4)切割、打捞油层套管。下Φ146mm水力内割刀切割油层套管；下双滑块捞矛起出切割后的油层套管，油层套管鱼顶深度为19m。

(5)套管倒扣。下双滑块捞矛打捞管柱，过提0.5t倒扣，转盘转速为2r/min，反复活动尝试倒扣，扭矩由21kN·m降至3kN·m，倒扣成功，捞获割断的油层套管2.84m，套管接箍1个，油层套管鱼顶深度为21.95mm；N80套管正常上扣扭矩为8kN·m。

套管倒扣过程中，由于丝扣过紧，反复尝试倒扣未成功，通过以下措施最终倒扣成功：

①探油层套管和表层套管环空至井深25m处，有轻微遇阻痕迹，起出管壁见稀泥状水泥浆。

②过提20t对打捞管柱进行震击。

③使用蒸汽对第一个套管接箍处进行加热。

(6)回接套管。抽出井内液体，露出油层套管顶部丝扣，下气管线对套管丝扣进行吹扫，回接油层套管底带套管接箍，缓慢下放管柱至套管鱼顶，正转17圈，用B形钳上紧套管。

(7)安装增高法兰、采油四通、装防喷器组。

(8)验套。下Y211－146封隔器坐封，套管反打压20MPa。

(9)打捞卡封封隔器。下双滑块捞矛(打捞范围为58～68mm)过提13t解封封隔器，捞出卡封封隔器。

四、套管变形情况

变形段总长约 64cm，变形段从外向内变形为椭圆形，从油层套管顶端往下 16cm(BT 密封 11cm)处开始变形，至套管头上法兰处结束，最大变形处椭圆长端外径为 200cm(图 31－3)。

图 31－3　打捞出的变形套管

五、经验总结

(1)新投产井也可能出现套管变形，在作业过程中出现上提管柱遇卡的情况要及时根据现场现象分析原因，制定下一步施工措施，杜绝盲目施工。

(2)在该井井口套管出现套变，常规封隔器无法下入封井的情况下，作业人员积极寻找新工具资源，TXK341－122 扩张式封隔器既能通过套变点，又能有效封隔套管，满足施工安全需要。

(3)位置较浅的套管进行倒扣作业时，可以根据现场实际情况用蒸汽对倒扣位置套管接箍进行加热处理，辅助倒扣。

32. JN1－29 井永久弃井作业案例

一、基本情况

人工井底：3053. 88m。

最大井斜：32. 87°。

造斜点深度：600m。

套管数据如表 32－1 所示。

表 32－1　JN1－29 井套管数据表

名称	规范	钢级	壁厚/mm	抗内压/MPa	内径/mm	深度/m	水泥返深/m	固井质量
表层套管	850	C	30		790	81. 2	20. 5	合格
技术套管	273. 1	J55	8. 89	21. 6	255. 32	1005. 72	0	合格
油层套管	177. 8	P110/N80	9. 19	68. 7/49. 9	159. 42	3075. 2	967	合格

注：短套管位置为①2119. 18～2121. 88m；②2911. 91～2914. 61m。

该井已无利用价值。为满足相关法律法规要求，确保石油、天然气不从井筒和套管外水泥环两胶结面窜至地面，防止拟建储气库内天然气层间互窜，保证拟建储气库中的天然气不流失，因而进行弃井作业。

作业前井内管柱结构如图 32－1 所示。

弃井后井身结构如图 32－2 所示。

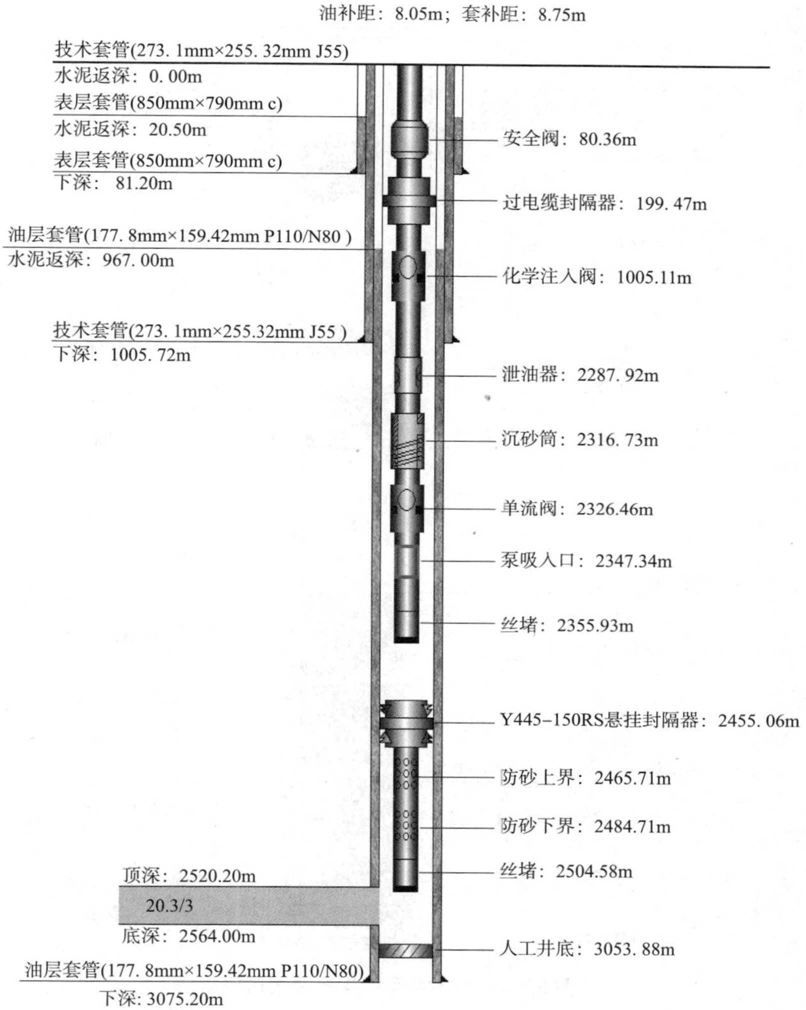

图32 -1　作业前井内管柱结构示意图

二、施工难点

(1)防砂管入井时间较长，腐蚀情况不明确，原井单双联保护器存在落井的可能，增加了打捞难度。

(2)灰塞多、灰量大、灰罐小，存在因配灰时间过长，导致灌肠、插旗杆的可能性。

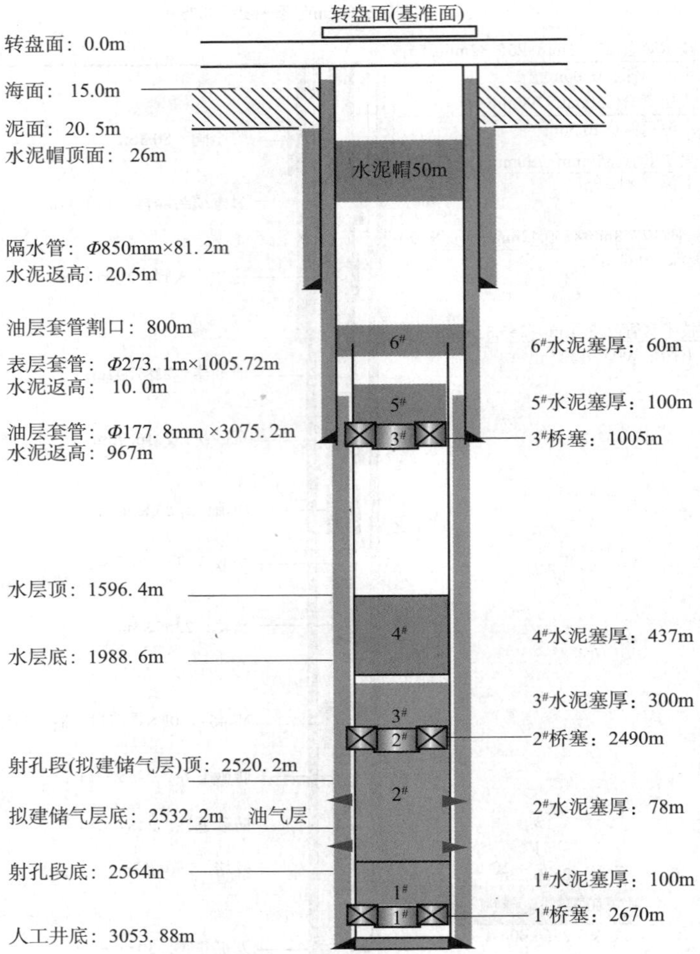

图32－2　弃井后井身结构示意图

三、处理过程

(1)起原井过程中记录并核实保护器数量，下Φ89mmNU对扣捞矛，入鱼前充分冲洗鱼顶，通过逐级提高打捞吨位，小范围活动打捞的方式，将防砂管一次性捞出。

(2)提前做好灰样的初凝试验，控制配灰时间，做好工具准备，减少工序衔接时间，注灰后充分洗井，候凝时控制管柱深度。

四、经验总结

(1)下桥塞作业时，注意控制速度，严禁因顿钻造成桥塞中途坐封。

(2)配灰过程中，加强与服务厂商之间的沟通，将灌出口阀门及泵出口阀门完全关闭，确保注灰泵刹车性能正常，不会因怠速将灰浆注入井内。

(3)灰罐搅拌器扇叶较高，灌出口在罐底中心低洼处，配灰过程中应注意控制速度，避免灰浆结块，堵住吸入口。

33. HZ－4H 井油管蜡堵处理作业案例

一、基本情况

人工井底：3862.3m。

最大井斜：89.91°。

造斜点深度：238m。

井型：水平井。

套管数据：

(1)表层套管：Φ339.7mm，K55，296.07m。

(2)技术套管：Φ244.5mm，N80，2953.46m。

(3)生产尾管：Φ177.8mm，N80，2744.2～3878m。

该井在拆除井口采油树的过程中，及时发现异常，避免了一次事故的发生。

二、发生经过

(1)钢丝作业。2014 年 4 月 12 日，钢丝作业捞 Y 堵，通径规下入采油树清蜡阀门下 1m 遇阻，无法通过，检查发现起出的通径规外壁粘有黑色油泥状物质。

(2)反洗井。4 月 13 日，用密度为 1.03g/cm^3 的 60℃过滤海水反洗井，排量为 260L/min，泵压为 3～5MPa，累计泵入 150m^3，油管一直未见返出；停泵，测得环空静漏失速度为 14m^3/h。

(3)堵漏。自油套环空反挤注密度为 1.03g/cm^3 的 PRD 地层堵漏液 20m^3，排量为 300L/min，泵压为 1MPa，累计挤注入 20m^3 后，测环空漏失速度为

0.25m^3/h。

(4)反洗井。用密度为1.03g/cm^3的过滤海水68m^3反洗井，排量为260L/min，泵压为3～9MPa，油管间歇性返液。

(5)静止观察。油套敞放14h，观察无异常；观察期间，保持环空灌液，测静漏失速度为0.25m^3/h。

(6)试拆采油树。4月14日，井队准备对采油树进行拆除，试拆采油树底法兰连接螺栓，螺栓卸松3mm，采油树上顶3mm。

(7)关井。现场停止拆卸采油树，关井。

三、处理过程

关井后，动员连续油管设备。

(1)回坐采油树。井队重新上紧采油树螺栓，计划再次尝试钢丝作业通井，回接钢丝作业立管后，打开采油树主阀门，观察油管压力为4.5MPa。

(2)放压。接放喷管线，油管经油嘴管汇控制放压至0MPa，返出大量气体，经测试分离器后火炬臂点燃。

(3)洗井。用密度为1.03g/cm^3的过滤海水反洗井，排量为130～390L/min，油管持续返液后，完成后续拆装井口作业。

四、原因分析

1. 直接原因

采油树油管悬挂器上存在缩径结构(图33－1)，形成堵塞。蜡堵聚集于图33－1所示位置②处，回坐采油树，在外界机械力的作用下，挤压蜡堵，使蜡堵发生变形，导致油管圈闭压力无法释放。

2. 间接原因

(1)现场洗井观察不细致，未分析油管间歇性返液真实原因，PRD暂堵地层后，实际上没有建立有效的闭路洗井循环通道。

(2)对结蜡井的风险识别不足，未考虑到管柱结蜡堵塞的情况，作业人员思维固化，误认为油套畅放无异常后，即可拆卸采油树。

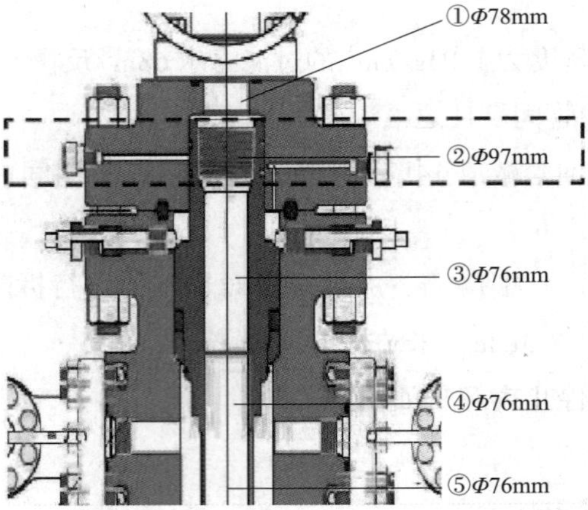

图 33－1　采油树油管悬挂器上缩径结构示意图

五、经验教训

(1)优化完井工具，尽量避免使用小尺寸、大缩径结构的完井工具，同时也方便后期钢丝或连续油管作业。

(2)应该加强对因含蜡过高、管柱结蜡等导致堵塞的可能性的认知，加强对含蜡井作业的井控风险评估和识别。

(3)加强对洗井作业的认知，必须建立明确、有效的洗井循环通道，彻底消除圈闭压力，避免因圈闭突然释放引起复杂事故。

(4)管柱结蜡后应采取柴油/化学药剂浸泡、热洗或机械清蜡等方式清蜡，机械清蜡宜选连续油管。

(5)优化工艺管柱结构设计，针对含蜡生产井，管柱上要有除蜡工具或采取保温措施，如设计化学注入阀、强磁防蜡器、采油隔热保温油管等。

34. JN－406井取换套作业案例

一、基本情况

人工井底：3315m。

最大井斜：54.54°。

造斜点深度：738m。

套管数据如表34－1所示。

表34－1　JN－406井套管数据表

套管名称	规格/mm	套管钢级	壁厚/mm	内径/mm	下深/m	水泥返高/m	固井质量
隔水管	925.0		38.00	849.00	113.00		
表层套管	339.7	J55	9.65	320.40	700.39	59	合格
油层套管	177.8	N80	10.36	157.08	3331.27	223	合格

该井筒为单筒双井(图34－1)，油层套管为Φ177.8mm套管，完井下入普通电泵生产管柱(图34－2)。

二、施工难点

(1)原井生产管柱处理难度大。原井管柱带有大直径过电缆封隔器及电缆、毛细管、电缆保护器等附件，在套损点极易遇卡，造成复杂事故。

(2)套管回接对扣难度大。受邻井钻井影响，该井油层套管破损，表层套管破损应更加严重，存在断脱的可能性，起出破损的油层套管后发现，井下套管残片不规则，对扣回接难度大。

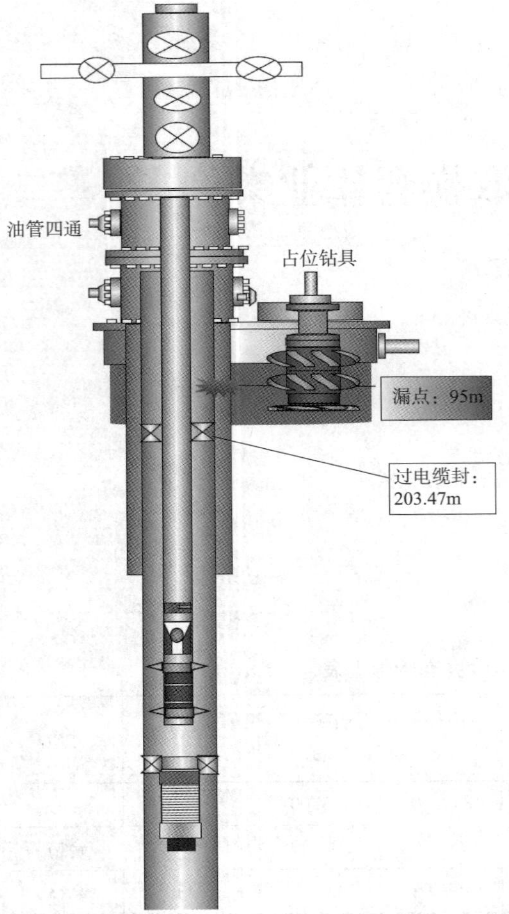

图 34－1　单筒双井结构示意图

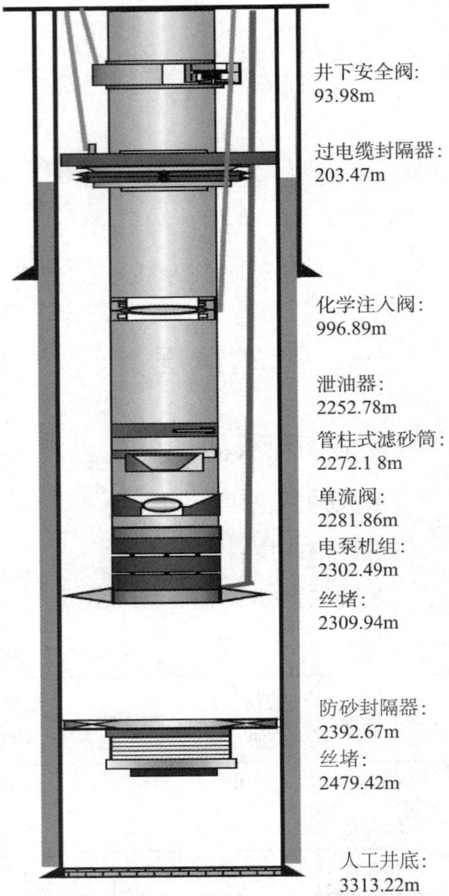

图 34－2　JN－406 井电泵生产管柱示意图

三、处理过程

原井管柱采用“试起－丢手－磨铣－打捞”的作业思路，对原井管柱进行丢手，通过磨铣、通井等方式处理油层套管破损点后，再打捞出原井管柱，从而消除了原井管柱的大直径封隔器在油层套管遇卡的可能。

套管对扣回接时，为防止井眼丢失，下入示踪管柱，管柱组合为：Φ89mm 钻杆＋Φ149mm 铣锥＋Y211－148 封隔器＋Φ89mm 钻杆。其主要优点为：①Y211 封隔器可以丢手并悬挂示踪管柱；②利用 Φ89mm 钻杆接箍可以对套管回接处进行定位、内扶正；③底部带小钻杆，更容易进入井眼；④封隔器前接入铣锥，能够有效保护封隔器通过套管的破损段。

四、经验总结

(1)根据实际井况，制定合理的技术方案。

(2)根据作业情况，及时分析井下情况，制定相应措施。

(3)在单筒双井井筒内作业，充分利用好邻井空间，更换邻井占位钻具，更换为大直径钻铤+扶正器+分隔串的组合。使JN-406井套管尽量居中。

(4)利用弯接头找眼，尝试通过不同角度，从JN-406井井筒找寻原井眼。

(5)定向扩眼。使用螺旋扶正器定向扩眼，畅通井眼通道。

(6)针对海上深井、复杂生产井的修套作业，可按照永久弃井标准对井筒进行封堵，防止复杂情况的发生。